光尘
LUXOPUS

情绪处方

Letters To You

Words of Support and Inspiration for Difficult Times

[新西兰] 杰茨 · 桑顿Jazz Thornton / 著
艾齐 / 译

人民邮电出版社
北京

图书在版编目（CIP）数据

情绪处方 /（新西兰）杰茨·桑顿著 ；艾齐译. -- 北京 ：人民邮电出版社，2023.8
ISBN 978-7-115-61880-1

Ⅰ. ①情… Ⅱ. ①杰… ②艾… Ⅲ. ①情绪—自我控制—通俗读物 Ⅳ. ①B842.6-49

中国国家版本馆CIP数据核字(2023)第099895号

◆ 著　　　　［新西兰］杰茨·桑顿
　译　　　　艾　齐
　责任编辑　郑　婷
　责任印制　陈　犇
◆ 人民邮电出版社出版发行　　　北京市丰台区成寿寺路 11 号
　邮编 100164　　电子邮件 315@ptpress.com.cn
　网址 https://www.ptpress.com.cn
　北京富诚彩色印刷有限公司印刷
◆ 开本：880×1230　1/32
　印张：8.25　　　　2023 年 8 月第 1 版
　字数：126 千字　　2023 年 8 月北京第 1 次印刷

著作权合同登记号　图字：01-2023-1380 号

定价：59.80 元

读者服务热线：（010）81055671　印装质量热线：（010）81055316
反盗版热线：（010）81055315
广告经营许可证：京东市监广登字 20170147 号

时间会见证生命的转折。

——杰茨·桑顿

推荐序

写给你的治愈良方

如果有人问我，在接待心理咨询的过程中听过最受触动的话是什么，我想是我的一位来访者曾说的：“我每天都想让自己看起来很好，我每天都祈祷不要发生更多的事情了，因为我没有办法承受更多的打击了，我的内在好像在一点点地掉落、一点点地崩溃。白天，我感受着自己的支离破碎；夜晚，我就一个人在黑暗里慢慢地把自己的碎片再贴回去，等待着第二天的到来。我用尽所有力气支撑着我自己，我怕有一天当有更多的压力来临时，我会被彻底压碎，再也无法黏合起来。”

这是一段令人心痛的自白。其实有很多人都和这位来访者一样，他们并非怀有强烈的想要结束一切的想法，而是在一次次自我消耗与修复之间，或走向崩溃，或最终得到治愈。无论是焦虑、愧疚、愤怒、抑郁等负面情绪，还是担心自己不够好、觉得自己不配等负面信念，如果无法及时得到排解或宽慰，就会在心中积压，最终泛滥成灾。这也是多数人出现情绪问题的原因。

在写这篇推荐序时，恰逢我（UP 主名：李博士和他的朋友们）获得哔哩哔哩网站“知名科普 UP 主”的认证，我一条条地阅读着粉丝朋友们的留言与反馈，有人说：“你就像一个朋友，一个素未谋面的好朋友，站在我面前告诉我，原来生活可以这样。”有人说：“我从未接受过专业的心理咨询，但是你的心理科普让我获得了更多的力量。”有人说：“我在焦虑时因为你的视频受到了开解，那些难熬的日子也就不那么难熬了。”很多朋友欣喜地与我分享他们通过我的视频学到了很多心理学知识，也得到了支持和鼓励，这是我作为一个心理咨询师最受感动，也是最欣慰的时刻。即使只有一个人因为我得到了帮助，走出了困境，那我的努力也是值得的。这同样也是本书的作者杰茨·桑顿坚持在做的事情，她说："如果说这本书的唯一使命是让你留下来，它也是值得的，我愿意创作一百万本这样的书。"

如果你了解她的经历，也一定会像我一样感叹于她向阳而生的生命力。她和正在阅读这本书的所有人一样，曾深受情绪问题的困扰。幼年时遭受虐待的她，青少年时期更是多次出入精神科病房，但她一直没有放弃与焦虑和抑郁情绪做斗争，并致力于向那些存在心理问题的人提供帮助。

在这种背景下，她撰写了本书，以信件的方式，用温暖、深情的文字向读者传递了力量，给予读者鼓励。书中的每封信都充满了作者真诚的情感和智慧的见解，帮助读者积极探索、正视和表达自己的情感，摆脱内心挣扎和情绪压力，重新寻回内在力量。这本书中的每一封信都是一份治愈良方，就好像"锦囊妙计"一样，你可以根据自己当前的困惑来"寻找"作者留下来的"文字"。在阅读这些信件时，你不仅可以识别自己对当前困境的错误理解，还可以发现一些新的思考方式和应对策略。

在阅读本书的过程中，我时常感到被倾听、被关怀、被回应。那些无处宣泄的情绪、无人可诉的心事，那些曾让人一次次走向破碎的时刻，终于被看见了。我想，这就是本书想要传递的一个关键信念——你并不孤独，你能够改变！

最后，我想说，如果现在的你正深陷情绪的泥潭，那么你需要做的就是伸出手，因为你只有伸出手，才有可能抓住别人递过来的手。或许现在的你已精疲力竭，但请你相信，你并不是没有能力，你只是被困住了，你可以放声呼救，你可以大胆求助，给自己多一点儿的时间和耐心，向那些对你怀有善意的人请求帮助。

希望这本小书能带给你勇气与力量。

中国心理学会注册督导师　李还胜

引言

亲爱的你呀!

欢迎翻开这本书——不管是你自己购买，还是他人赠送，我都很开心它此刻正在你的手中。它和我之前的作品有些不同，我希望它能给你带来慰藉与希望，让你在漫长的生命旅途中，少一些孤独。

人生就像过山车，你总会经历各种各样的事情：从情绪高涨到心情低落，从一帆风顺到处处碰壁。在这本书里，我想告诉你的是，不论你正在感受或经历些什么，请记住，你永远都不是一个人在面对。

向那些还不认识我的人自我介绍一下吧！我叫杰茨·桑顿，是一名来自新西兰的心理健康倡导者，我希望生命中的每一天都能帮到别人。生活于我，不胜艰难，从童年遭受虐待，到严重的精神疾病，我曾无数次进出医院和精神病病房，也曾无家可归，迷途失偶，与朋友和爱人决裂（又重归于好）。我努力与这些消极的情绪斗争，却在人生的很多时刻陷入自我怀疑：是否我是唯一一个有此经历的人？是否没有我的存在，世界会变得更好？你可以在我的第一本书《停止挣扎，开始抗争》（*Stop Surviving, Start Fighting*）中读到我的经历，了解到我虽身患情绪疾病，但仍积极抗争的故事。

这本书的灵感来自我的一个朋友——卡莉亚（Cahlia）。2015 年，我精神病最严重的那段日子，她做了一件让我终生难忘的事——她写了一大堆信，放在信封里让我日后打开。每一封信都命名为“感到……时，请打开”，比如“感到孤独时，请打开”或“感到不堪重负时，请打开”等。每个信封里都有一封信、一张抄写语录的卡片以及卡莉亚和我的合照。

在接下来的一年里，我捧着这些信读了一遍又一遍，尤其是凌晨三点我开始胡思乱想的时候。那封名为“感到想要自杀时，请打开”的信是我最常读的。我把它放在包里，去哪儿都带着。是这些信让我走下去，让我觉得自己不那么孤独，让我在最痛苦的时候有了抗争的勇气。

如今，在我有能力帮助他人后，我最常面对的请求之一便是能否给他们或他们所爱之人写一封信，让他们有勇气坚持下去。这些频繁的请求和卡莉亚给我的那些信，便是我创作这本书的灵感。这就是我想给你的信——请在感到某种特定情绪，或经历某个艰难时刻时，翻开它吧！

在我没有经验的领域，我会邀请一些我信赖的人参与到写信这件事情中来，他们会分享一些行之有效的方法。同时，我还与一位了不起的心理学家，来自心理互助小组的柯尔斯顿·戴维斯（Kirsten Davis）医生合作，确保信中提到的技巧方便、实用且专业。

本书与其他书有所不同，并不需要你从头到尾按顺序阅读，而是在浏览标题后，选择阅读你当下需要了解的内容。它分为几大主题，如果你不确定该从哪开始，不妨先关注一下此刻的心情（快乐、悲伤、恐惧……），再做选择。

即使我希望能对每一种可能出现的问题写一封信，但实在心有余而力不足——那岂不是要写一本世界上最长的书！所以，书内信件的话题只是我从社交软件上的粉丝私信里挑选的一些常见问题。

我深谙生活之艰难，也知道在很多时刻仿佛整个世界都不懂你。向他人求助往往令人恐惧，难以开口，甚至不知道该向谁求助。可我仍然希望，这本小小的书能让你明白，你永远都不是一个人。

你并不孤独。

你一定要积极抗争，你一定会获得幸福。

接下来，是我给你的信。

爱你的杰茨

目录

第一部分　当你陷入情绪时

第二部分　当你迷失自我时

第三部分　当你处于困境时

第四部分　当你需要帮助时

第一部分
PART 1

当你
陷入情绪时

写给焦虑的你

嗨!

听说你现在有些焦虑，这让我很难过。我深知，焦虑绝不是一种好的感觉，毕竟我也曾经历过。

也许你此刻的焦虑是因为已经发生或未来可能发生的事，也许你并不知道焦虑的原因，却挣扎着让自己平静下来。首先，我想让你知道，焦虑只是暂时的。这种情绪会过去，所以请和我一起：试着深深吸气，同时默数 4 秒，接着屏住呼吸，数到 7，然后彻底地呼气，数到 8。把注意力集中在呼吸上，反复练习，直到你的呼吸变得缓慢而平稳。

还有一个我学到的非常受欢迎的焦虑管理工具。它叫作“5、4、3、2、1”技巧，希望你能和我一起试试看。

首先，在你身边找到“5”样能看得见的东西。

然后，找到“4”样能摸得着的东西，比如这本书。

“3”样能听得见的东西。

“2”样能闻得到的东西。

“1”样你可以品尝的东西。

这个方法可能有点儿古怪，但它的确能帮你静下心来，让你的大脑知道，此时此刻，你很安全。你需要做的仅仅是关注当下，别无其他。你既不能改变已经发生的事，也无从预知未来。当你感到焦虑时，最好的应对方式便是活在当下。

我的朋友吉纳维芙·莫拉（Genevieve Mora）是非营利组织希望之声的联合创始人，她十几岁的时候也常常感到焦虑，便学习了很多关于焦虑的知识。我请她为你写一封信，以一个亲历者、一个能与你感同身受的人的身份。

记住，你的焦虑并不会战胜你，它不会让你迷失自我。你很强大，很勇敢，你可以做到，一点儿一点儿来吧！

你可以的！

杰茨

吉纳维芙的信

嗨，你好呀！

我想先告诉你的是，我太了解焦虑了！还记得自己第一次感到焦虑是在10岁那年，它一直纠缠着我直到今天，只不过现在的焦虑症状远远没有以前那么严重了。

那种痛苦的感觉会堵在你的心口，窜遍你的全身，让你的思绪纷乱，手掌冒汗，双腿发颤……我懂这种感觉，所以相信我，在这条路上，你并不孤独。

在这段旅程中，我学到了很多，也乐意和你分享所有在我痛苦时曾帮过我的方法，希望它们也能帮到你。

1. 正能量咒语

在焦虑时，默念下面这些话，会很有帮助。

- 焦虑只是暂时的。
- 焦虑伤害不了我。
- 我所担忧的并不是真的。

我一遍又一遍地重复这些咒语，让自己平静下来。

2. 分散压力

在感到焦虑时，和信任的人聊聊你的感受吧。至少在这个时刻，你会感到有人支持你。和信任的人（对我来说，这个人通常是我的母亲）坐在一起，让他来鼓励你应对焦虑，不让情况变得更糟糕。

3. "5、4、3、2、1"技巧

我非常认同杰茨上面提到的方法，这也是我经常使用的技巧，让自己安心，关注当下。

4. 与焦虑共处

为了克服焦虑，你要勇敢地面对它。这意味着你要和这种令人不适的情绪共处，直到它消失为止。在这个过程中，你要不断提醒自己：焦虑一定会过去的，即使有时需要的时间长一些，但它也一定会过去。相信我！

是的，焦虑是种令人不适的情绪和体验，但我知道我可以熬过这些艰难的时刻，你也一样，因为你曾经做到过。

对自己好一点儿。你会好起来的。深深吸气，慢慢呼气。

你可以的。

吉纳维芙

对抗焦虑：技巧和工具

柯尔斯顿·戴维斯医生

这里有一些帮助处理焦虑情绪的技巧，希望助你回归平静，处之泰然。

你的焦虑是否过度？

恐惧是人的本能。当人的生命、健康或生活面临风险时，为保证自身安全，焦虑逐渐进化为一种本能的应对机制。在此之下，人的生理反应可能表现为对抗威胁、躲避风险防止受伤，或者直接僵在原地，即所谓的“战逃反应”。[①]

应对焦虑，你要做的绝不是把情绪波动频率降至最

① 战逃反应，指人在情绪极度强烈时，通过一系列神经和腺体的反应，使肌体做好防御反抗或逃跑的准备。——译者注

低。相反，正确做法是根据实际情况随时调整情绪。虽然焦虑不怎么招人喜欢，但焦虑其实对人无害。

问问自己：此时此刻，我是否真的身处险境？我会受伤吗？这些问题的答案几乎都是否定的。

接下来，再问问自己：威胁究竟是什么？试着找到让你焦虑的源头。比如：

- 无数个“假如……”
- 对他人看法的担忧
- 因还未发生的坏事而紧张
- 对覆水难收之事无法释怀
- 当下生活的不确定性
- 害怕学业不顺

……

你会忧虑是很正常的，但这些事情的风险程度不足以让你感到如此焦虑。现在，你可以试着降低焦虑水平，让它符合你面临的威胁或压力。

让意识跟随每一次呼吸

感到焦虑时，“战逃反应”被激活，你开始呼吸加速、心跳加快，血液开始向主要肌肉群流动，这预示着身体正在启动自我防御功能。此刻你的呼吸变得又快又浅，你开始大口喘气、叹气或屏住呼吸，这更加剧了焦虑的生理反应。

检查你的呼吸。如果每分钟呼吸超过 12 次，你就需要进行呼吸练习了。尽可能放慢呼吸至每分钟 6 次左右，即每次吸气呼气控制在 10~12 秒。

把一只手放在腹部，大约是肋骨和肚脐中间的位置，另一只手放在胸部以上、锁骨以下的位置。

保持呼吸，让空气进入腹部，感受放在腹部的手随每次呼气吸气自然地起伏。

伴随着呼吸，从 1 数到 10——吸气数 5 个数，呼气数 5 个数。重复几次，直到你的呼吸缓慢平稳下来。

给焦虑打个问号

问问自己：

- 在几分钟、一天或一周内，这件事真的那么要紧吗？
- 我预感会发生些什么？是否存在另一种可能？
- 假设最坏的情况发生了，我该如何应对？我能否坚持下来？
- 在这种情况下，我会跟朋友说些什么？
- 如何看待当下的情况，才能让自己好受一些？

其他技巧

- 在床头放个笔记本，把让你无法入眠的问题都记录下来。早晨起床再浏览一遍，尽自己所能解决这些问题。
- “拖延”你的焦虑——在一天中安排某个时间处理焦虑情绪。如果焦虑来得早了些，告诉自己稍等片刻再对付它。等这个时间到来时，你也许会发现焦虑已经消失了。焦虑往往转瞬即逝。更何况，焦虑也许对你有益，这说明大脑正在思考如何解决问题。

写给愧疚的你

嗨，你好呀！

愧疚是一种强大的负面情绪。虽然我不知道你为何愧疚，但我想告诉你，我们每个人都会有把事情搞砸的时刻，一次错误说明不了什么。

愧疚是一种自然的人类情绪和反应。它通常意味着我们做了错事，但如果因此引发了精神疾病，我们就会意识到自己正在经历长期、持续的愧疚感。这往往会使想法和行为变得离谱，因为愧疚的担子，实在太沉重了。

以我个人的经验来说，愧疚感正支配着我的生活，甚至偶尔会将我推入危险境地。对你们中的一些人来说，也许不明白为什么愧疚会使人陷入危机，但你们应该能完全理解我的感受，因为愧疚也是你们正在经历或经历过的情绪。

我的故事是这样的：因为我患有精神疾病，经常做出危险行为，其他人不得不送我去医院，或试图通过几个小时的心理咨询帮我渡过危机。尽管这些时刻格外艰难，但我发现更难的其实是随之而来的余波：我感到愧疚，因为他们要花时间带我去医院或帮助、开导我，而他们的生活明明那么忙碌；我感到愧疚，因为我无法控制自己的情绪，总是做出过激的行为；我感到愧疚，因为那些发生在我身上的事；我感到愧疚，因为我的大脑责怪我“你早该知道的”“你为什么不早点儿说出来”。除此之外，当我的某个朋友了结生命后，我还会出现“幸存者内疚”[1]，因为她和我有同样的经历，但“为什么

① 幸存者内疚，一种心理问题。它指的是一个人认为在创伤事件中幸存的自己是有罪的，为自己的幸存而困惑或羞愧，甚至宁愿自己也遭遇不幸。——译者注

我还活着，她却离开了”？我分享我的这些故事是为了让你知道，在愧疚这种情绪里，你不是一个人。

愧疚感可由诸多不同经历和情况触发。我的心理治疗师最近正和我讨论这个话题。我表示，直到现在我还在为十几岁时的行为或举动，以及所有伤害到他人的事而深感愧疚。她的回答是我从未听过的。她说：“杰茨，每一种反应、行为和情绪的出现都说得通。它们也许并不正确，也绝非最佳，但正是因为生活中的某件事激发了这种反应，所以你会在当时做出那样的行为，这些都是合理的。”

让我举一个具体的例子来补充一下故事背景吧。为了不再被人抛弃，我做过很多错事，每每想起我都心生愧疚。在很多发病的时刻，这种愧疚感尤为强烈，总让我为自己的堕落深感歉意及自我憎恨。我也不知道我为什么会这样，即使我明白这会伤害他人，愧疚感也会因此更为沉重。

我的心理治疗师指出，在我 3 岁的时候，父亲离开了我，再也没回来过，因此我幼小的大脑开始对被抛弃产生恐惧。我从未学习过如何处理这个问题，直至青少年时期，一些伤害自己的行为在我身上出现。即使这绝非对被抛弃之恐惧的最好、最正确的反应，但在我身上，它确实说得通。

同样，你的反应、行为、情绪在某种意义上也都说得通。你不必深究个中原因，只需对自己有那么一点点的同情。

如果可以的话，和别人谈谈你的感想吧！我强烈推荐你找一位专业人士，当然朋友或家人也很棒。愧疚并不是你需要独自忍受的情绪。

是的，你也许已经把事情搞砸了，但你要知道，就算你犯了错，也不能代表你本身就是一个错误。愧疚感不能占据你生活的全部。反之，你可以利用它，去学习，去成长，去努力改变。

你可以的！

爱你的杰茨

对抗愧疚：技巧和工具

柯尔斯顿·戴维斯医生

1. 质疑自己的感受。你的愧疚感是合理且必要的吗？你当真需要感到愧疚吗？

2. 认真地向自己描述当下的情况。到底发生了什么，你又做了些什么？

3. 针对你造成的伤害，设想正确的补救方式。也许只是简单的一句“对不起”，或更进一步，用你的行动而非言语来表示歉意。

4. 发挥创造力。也许你已经失去了弥补的机会，那你还能做些什么呢？也许是写一封道歉信，哪怕读信的人已经不在了。

5. 管理自己的愧疚感并非意味着要彻底摆脱它。恰到好处的愧疚感是有益的，因为它能让你在做同样的事情时，三思而后行。

6. 无须过度致歉。弥补过误，然后往前走吧！

7. 如果你的愧疚感并不必要，那就请重新审视目前的情况，和相关人员聊一聊，不要逃避。

写给愤怒的你

亲爱的你呀！

每个人在生活中，都会有感到愤怒的时候。至于它的来源以及所感受到的程度，则因人而异。不过出现这种情绪本身是非常自然的。即使在蹒跚学步的孩子身上也能看到愤怒，比如在他们耍小孩子脾气的时候！愤怒是种重要的情绪，它让我们勇于面对不公，且如果我们愿意的话，愤怒甚至能激发改变。

我也曾因多种原因感到愤怒，有时也会不知该如何调节这种情绪。我绝不是什么情绪管理专家，只是渐渐明白了，有时怒火来得恰如其分，有时你甚至不知道自己怒从何起，而有时怒气来得不合时宜。

举个例子，我会因世界的不公而生气，这种愤怒是合理的。但有些时候，我生某个人的气并非他做错了什么，我的反应仅仅是因自身的恐惧、不安全感而造成的迁怒。通常这些反应无关情绪本身，而在于我们如何看待和处理情绪。

虽然我不知道你怒从何起，但我有一些实用的技巧能帮你管理情绪，防止它造成伤害。

最重要的措施之一，便是把情绪与行为分开。当我们愤怒时，很容易冲动行事，可冲动之下，往往会忽略思考：这样做是最好的吗？或，这样做有任何帮助吗？感受愤怒的情绪是可以的，但出于愤怒的行为则有可能导致意料之外的后果。

与其在怒火中烧时宣泄愤怒，不如试着去跑跑步，或尝试其他形式的锻炼。通过阅读一本书、一次冥想训练或其他能让你乐在其中的事，让自己分心。等回归平静后，再回过头来思考、做决定也不迟。以这样的方式后退一步，就像创造了一个缓冲区域，可以帮你用更理性而非冲动的头脑做出回应。

如果可以的话，和别人聊聊你为何如此愤怒也是很有帮助的。聊天有助于理清混乱的思绪，一个能够畅所欲言的空间则利于缓和情绪。要确保聊天对象是你信任的人，可以是朋友、家人、咨询师，甚至是求助热线，你能够自由自在地与他畅谈。拒绝敞开心扉，谈论内心的困扰，总想试着自己搞清楚一切，会让你的大脑更加混乱。有一个愿意倾听并提供意见的人着实很有益处——你的想法能够被关注，你的行为是否合理也能够被分辨。

如果你经历过更长期、更深程度的怒气问题①，那么我建议你去寻求专业人士的帮助。同时，在怒火袭来时，把你能想到的合理反应整理成一份清单也是个不错的办

① 怒气问题，一种心理问题的表现。美国现代心理学中认为如愤怒不能被控制，并恶化为语言及肢体暴力，即说明人出现了“怒气问题”。——译者注

法，它能帮你调整情绪，平息怒火。我个人并没有经历过长期的愤怒，但我知道很多人与怒火共生，不得不咬牙抗争。对这样的人，我想说的是，你绝不是一个人在抗争，愤怒也绝不是你真正的标签。

我见过很多沮丧、自怨自艾的人，他们清楚自己的问题，却又很难解决。请相信，你的行为和情绪一定是有原因的。人的反应和行动皆受生活的不同情境塑造，可能有些事情本身就需要以一种健康的方式去忘却和重建。最重要的是承认它，然后勇敢地寻求帮助。

这种情绪会过去的，可能需要点儿时间，需要下些功夫，但你一定能够克服它。

你不是一个人。

深呼吸，寻求帮助，继续战斗吧。

你可以的！

爱你的杰茨

写给悲伤的你

亲爱的你！

你如此悲伤，我有些心疼。我知道悲伤像个沉重的包袱，生活中的诸多因素或经历都会让我们产生这样的情绪，这是人之常情！你可能清楚悲伤的原因，也许是已经发生的事情，比如一段关系的破裂，或其他具体情况；你也可能根本不明白悲伤从何而起。这都很正常，不用担心。

在我写下去之前，你要知道，即使我会给你一些振奋精神的实用建议，但真正重要的是你要让自己去感受这种悲伤情绪。你不必强迫自己开心起来，因为这种做法难以持续，也很不健康。人们往往受困于一种社会观念，即情绪低落是不好的，因此便总是压抑自己的感受。但事实上，你的感受是合理的，所以不必介意为体验它而付出时间、空间及些许自由。只有体验过情绪，才能学会如何自助，如何让自己免于困在情绪中。

每个人面对悲伤的反应不尽相同，在我感到伤心时，有几件事曾帮到过我。其中一件是：当我心情沮丧时，我会在每天开始和结束的时候写下三件令我感恩的小事。比如感谢一杯咖啡，或记录一个让我感激的人，抑或感恩的是天气、一个电视节目、一个让我微笑的时刻。每天早晚这样的记录对我来说非常重要，下面我会告诉你为什么。

在一天开始之际，记录下你要感恩的三件事，意味着你正建立一种感恩的心态。即使处境不易，它也能让你看到黑暗中的一点微光。你知道，无须遥望远方，琐碎中自有幸运。

在一天结束之际，再记下三件事，意味着整整一天你都在寻找能够登上感恩榜单的小事（也可能是大事）。这能够让你振奋精神，提醒你一些坏情绪并不会永存。即使深陷悲伤，无从逃遁，这世上也总有一些小事值得期待，予你光亮。

试着找到让你乐在其中的事，这是很重要的。你可以列举一串在情绪低落时能做的事：和朋友喝咖啡、去海滩玩，或者看一部喜剧，任何能改善情绪的小事都可以，即使效果只能持续一小会儿。

我还发现，在我情绪低落时，整理房间也很有帮助。这大概是因为我总是在我的房间里待着，所以当我感到沮丧和有压力时，保持房间的整洁往往是我潜意识中的第一选择。你所在的环境也会对情绪产生影响。如果你像我一样，遇到棘手难缠的情况，不妨让自己行动起来，边听音乐，边收拾一下屋子。

如果这些方法都不合适，你也可以试着去阅读、锻炼或写作。可以做的事情无穷无尽，关键取决于你的快乐到底来自哪里。如果你也不清楚，那不如随意挑选一些事，给它们一次机会吧。

请记住，如果需要的话，你可以寻求帮助。找朋友、家人或任何你信任的人，让他们来陪伴你。你并不是谁的负担。如果你的悲伤情绪已经持续了很长时间，请务必找人聊聊，甚至要鼓起勇气去看医生，和他们讨论一下吧！

你不需要孤军奋战。

也许此刻乌云密布，但终会迎来灿烂阳光。

你可以的。

爱你的杰茨

对抗悲伤：技巧和工具

柯尔斯顿 · 戴维斯医生

1. 承认你的悲伤是真实、合理、符合现实情况的。认可自己的情绪是一种有意识的做法，它能让你知道你的悲伤是值得被理解的。这并不意味着你需要喜欢或赞同它，只是与合理的悲伤共处这种能力非常重要。

2. 一旦发现了自己的悲伤情绪，请将它认真描述出来。请注意你想做某件事的冲动（比如赖在床上、对朋友避而不见等），并告诉自己这种想法是合理的。以下都是合理的选择。

- 与悲伤的情绪和解，并小心地消化这种情绪，而非改变它；一个人待着，放慢生活的节奏，让你有空间去思考接下来该做点儿什么；确保你没有屏蔽这些悲伤的感受；放松面部表情，慢慢地呼吸，通过收紧和放松肌肉来释放压力。

- 想要改变悲伤情绪，你可以试试以下方法。积极地与冲动做对抗，比如把双脚移到床边，站起身来；计划一到两个你喜欢的活动，比如和朋友约着喝杯咖啡；感受另一种情绪，比如看看搞笑视频，听听欢快的音乐；帮助他人，与人为善，对路过的人微笑，给某人烤一块蛋糕；参加活动分散注意力；改变所处的环境，比如穿上颜色鲜艳的衣服去户外走走；完成某件拖延了很久的事，如收拾卧室、给你关心的人发条短信。

请注意：抑郁和悲伤是两种不同的情绪。在你面对损失或求而不得的时候，悲伤是值得被理解的。它也许和对自我的消极想法相关。而抑郁是一种更频繁、更持续的情绪低落，它让你对自身、世界和未来都抱有消极态度。持续数天或数周的悲伤情绪将会引发抑郁。

写给抑郁的你

亲爱的你，最近还好吗?

听闻你现在的状态，我的心里也很难过。克服抑郁之路，就像跋涉在一摊烂泥中，寸步难行。我太了解那种孤立无援、不知所措又仿佛永远不会结束的痛苦，但我想让你知道，你并不孤独，一切都会好起来的。对很多人来说，与抑郁抗争是场持久战，但你仍然可以学着面对它，拥有幸福而健康的生活。

虽然我并不清楚此刻你的情况如何，也不知道你为何身陷抑郁，也许是你长久以来的宿疾，也许是刚刚诊断出的结果。但可以确定的是，抑郁并非你的标签——

它不能概括你的全部，更不足以代表你是谁。它不过是一道需要攻克的关卡，你仍有改变的希望。

多年以来，我把心理问题看作自己的标签，仿佛一切都已无法改变。我抗拒心理治疗，也不再积极自助，因为我看不到其中的意义。直到后来，我意识到这不过是一种错误的认知，而这种意识给了我战胜疾病的希望和改变的勇气。

你无须因抑郁而感到难以启齿，更无须因抑郁而脆弱或看轻自己。它不过是一种需要治疗的疾病罢了，像大多数疾病一样，可以尝试的疗法有很多。

也许最让人沮丧的，就是听到有人说“你要开心起来呀”或者暗示抑郁只是一种选择。它绝不是一种选择，即使有很多人跟你这样说过。与抑郁抗争之路是如此漫长而疲惫，让人感觉无所依靠。然而即使身处孤独之中，也请记得你永远不是一个人在战斗——那么多的人活在世上，与抑郁抗争，体育明星、演员、企业家、工人、学生……任何人都有可能与你并肩作战。你并不孤独。

我在对抗抑郁时学到的经验之一是，积极做出选择，发现生活中的小幸运。我会在纸上写下三件值得感恩的事，以此作为一天的开始和结束，这意味着整整一天的时间，我都在寻找值得记录和值得感恩的事。也许它来自我的家庭，来自美味的咖啡或明媚的阳光……“日子有好有坏，而幸福常在。”这不是一句简单的漂亮话，事实的确如此！不妨积极点儿，用心去发现吧。

另一个对抗抑郁的经验是，学会创造性地表达自我。画画、写作、跳舞、谱曲、做陶艺……任何一种能够表达自我的方式都可以。我试过画画，但画得太糟糕了，像幼儿园里三岁小朋友的作品，所以画画可能不适合我。我最终发现自己的爱好是跳舞。跳舞能舒展身体，放松身心，于是我开始学习现代舞，通过跳舞表达自我。我绝非出色的舞者，但当我情绪低落时，它能帮我走出低谷。

除此之外，你还可以做一些简单的事，如运动健身、吃顿大餐，这些对战胜抑郁同样大有帮助。不用强迫自己开心起来，或在与他人相处时伪装情绪，你只需要找到能让自己卸下包袱、感到放松的事就好。

你很勇敢。

你很坚强。

你并不孤独。

抗争下去吧！

深深地祝福你。

杰茨

写给快乐的你

嗨，我的朋友！

你快乐，我也很快乐！太棒了，知道你今天过得不错，我在写这封信的时候都一直是微笑的。

在生活中感受快乐、满足和平静的能力非常重要。你知道现在应该做什么吗？拿出日记本或手机，记下三件让你感觉快乐的事吧。你的朋友？家人？工作？一只小动物？或是天气？把它们写下来，等遇到不太顺利的一天时，再拿出来看一看。这样做可以提醒自己，困难并不会一直存在，虽然并非每天都美好，但每天都有美好的事物存在。

你应该觉得快乐呀！你应该微笑，大笑，好好地享受这一天。哪怕只在片刻之间，忘却生活的压力和其他坏情绪，也是好的。我想，很多人不明白的是，为什么一个身处困境中的人也并不总是悲伤的，甚至可以一边与自己的心理问题抗争，一边仍然保持愉快的情绪，体验快乐，感受幸福。不知为何，人们都有一种扭曲的观点，即如果一个人正遭遇痛苦，那么他一定会感到痛苦，看上去也一定是一蹶不振。然而对我来说，在我挣扎的同时，我仍然可以过好每一天，甚至偶尔会感到快乐。这并不能让挣扎变得没那么可怕，但它的确让我有了些许解脱的感觉。

同样，请确保自己尽量不要破坏这种感觉。有时我们认为自己不该拥有快乐，总想着将快乐驱逐出去，因为我们觉得自己不配。天啊，这可是我最擅长干的事了！假如你发现自己正在这样做，我想再次强调，你应该觉得快乐才对！快乐是件好事，快乐是所有人都该拥有的美好情绪。

我甚至希望你在这个时候想一想能做点儿什么让别人也觉得快乐。可以是对街上的路人微笑、发一条信息给关心的人，或是请别人喝一杯咖啡。快乐会传染，而就在此刻，你有能力把它传递给其他人。等有一天你需要快乐的时候，也请相信其他人会把它传递给你。

你所体验到的每一分快乐，都是应得的，我希望在你的生活中，在你成长和战斗的过程中，这种情绪和感觉能够无处不在。

现在，去享受属于你的白天和夜晚吧！出去散散步，看场电影，做点儿让自己开心的事——因为你值得。

爱你的杰茨

你应该感到快乐。
去微笑，
去大笑，
好好地享受这一天！

写给悲恸的你

亲爱的你！

你此刻经历的情绪让我非常难过。这种悲恸如此剧烈、复杂，令人难以承受。它在我们的一生中反复出现，永远不会彻底消失，徒留心如刀绞之痛。

我曾在生命里多次体验过悲恸，永失所爱便是这种感觉。人们对悲恸的体验各有不同，这正是其本质所致。愤怒、伤心、困惑、麻木、自责……当与悲恸抗争时，这些都是我曾体验过的感受。无论是最近，抑或许多年以前，悲恸从来都是如此令人难以承受。

六年前，我曾帮助过的一个朋友——杰西卡（Jessica），告别了人世。可能有些人看过我为她制作的系列节目《杰西卡的树》(*Jessica's Tree*)，我想通过她的故事帮助更多人。在制作这个纪录片的过程中，我学到了很多东西，尤其是关于如何应对悲恸及如何对覆水难收之事感怀。

无数个夜晚，我在眼泪中度过。我愤怒得想要大声尖叫，但又感到浑身麻木，悲伤压得我喘不过气。我问自己：如果我做了别的选择，会怎么样？如果我说了那句话，会怎么样？在最初的几年里，这些情绪如影随形，即使最终不再那么频繁出现了，但我仍然能感受到它们，我仍然会在某些夜晚失声痛哭，或在某些时刻难忍怒火。这都是疗愈的过程。

这段时间里，我面临的最艰难的情绪之一便是愧疚。伴随愧疚而来的最大问题则是无数个“假如……会怎么样？”。当我试图搞懂到底发生了什么，试图想明白如何阻止惨剧发生时，这样的想法便会终日纠缠折磨我。

但这都是正常的，是合理的。很长一段时间，我都以为只有自己会这样想，会因为无法改变的后果而感到愧疚。然而，我在创作《杰西卡的树》时，有机会和她周围的很多人详谈，并开始意识到原来他们每个人都像我一样。每个人都想知道假如他们说了不同的话，会怎么样；假如他们做了不同的事，或反应更快一些，杰西卡会不会现在还活着。所以请记住，并不是只有你一个人有这样的感受或想法，重要的是，多和别人谈谈。

如果说有一件事我希望自己一开始就能意识到，那应该是去找心理医生聊天，聊聊正在发生的事。这是一个好主意。他们能给我充分的空间去提出问题，表达愤怒，感受悲伤，最重要的是，能让我学习处理这种情绪的技巧。

失去所爱之人的悲恸是任何人都不想经历的，但不幸的是，我们都不得不在生命的某个阶段经历它。不管读了多少书，我们都永远无法做好准备去面对这样的伤痛；它像一场情绪的飓风，裹挟着我们不愿面对的种种。

试着放自己一马吧，不要强迫自己看清悲恸的真正面目。每个人面对悲恸都有不同的反应，但我想告诉你的是，你并不孤独。

你可以满腔怒火。

你可以暗自悲恸。

你可以困惑不解。

你可以不知所措。

你可以去寻求帮助。

你可以去找人聊聊。

你并不孤独。

爱你的杰茨

写给孤独的你

你好呀！

你会有这样的感觉，让我很难过。人类生来注定是要和其他事物、其他人产生联系的，所以感到孤独一定很难受吧。

我想跟你说，有孤独这种感觉的并不是只有你一个人。很多人都曾有过你现在的经历，只是他们现在已经走了出来。而我就在这里，在这本书里，陪着你。事实上，这本书从头到尾都是为了保证不管你正在面对什么，你都不是孤军奋战。

我这一辈子常与孤独感对抗。孤独笼罩着我，因此我不得不与它抗争。我相信，即便此时此刻你感到形单影只，但一定有人正在爱着你，愿意向你伸出援手。

我还记得当我陷入孤独的罗网中时，我拒人于千里之外，将自己孤立起来。我 16 岁就离开了家，自力更生，在变得非常独立的同时，我也有了一种“我不需要任何人，只能靠自己，我一定能做好”的心态。我猜，正是因为早早地学会了自付账单和房租，成为自己的独立监护人，才让我有了这种感觉吧！尽管这样的成长经历让我备感孤独，但回首往事，我仍然发现我的身边总是有那么一个人陪伴我，也许是老师、医生、朋友或求助热线那头的接线员。所以此刻，如果你真切地感受到无所依靠，请记住总有那么一个人存在，他愿意陪你聊聊。

孤独感并不总是意味着真正的孤独，这点我可以保证。假如你正与精神疾病或心理问题做斗争，即便你正被人群包围着，你也会偶尔感到孤立无援。

记得有一次，我在奥克兰的火花竞技场参加一场会议，当时的我情绪特别低落。会场有成千上万的人，我的很多朋友也在现场。但当我走进那巨大的房间时，眼前虽然人山人海，我却觉得无比孤独。我想：这么多人和我坐在一起，但没有人知道我内心的感受。我害怕知道人们发现我内心煎熬之后的反应，也会担心他们根本理解不了我的感受。

如果你此刻也有此感觉，我希望你能给你信任的人写一封信，把事说清楚。写信真的很有帮助。当面交流时，心中所想很难用语言还原。语言可能会变得混乱，我们也会因为想得太多表述不清而放弃倾诉，只能在脑海里一遍遍回放自己想说的那些话。这时候，花点儿时间写封信，说出你的真实想法，是个不错的法子。它像一扇门，能让别人走进你的内心。

孤独感常令人不解。你有朋友，有家人，也知道世界上有很多在乎你的人，却依然会觉得孤独。这也许是因为你感到不被理解，你认为他人不了解你的挣扎，或你认为自己是唯一一个有此经历的人。也许你还没有同别人讲过你的感受，又或许你已经讲过了，但他们不能感同身受。不管怎样，你要知道，你并不孤独。你不是一个人在战斗。

我的一个朋友最近和我聊起一篇关于“孤独传染症”的报告，它是一项围绕孤独感及孤独感对人们的实际意义的大型研究。其中，孤独感被总结为以下三种类型：

- 亲密型孤独。与值得信任的知己缺少联系，这个知己也许是伴侣或密友，或任何你在其面前可以卸下伪装的人。
- 关系型孤独。缺少交朋友的机会，如参与社会活动、外出聚会、散步或看电影，也没有类似午夜开车兜风这样的机会。
- 集体型孤独。一种渴望归属于更大集体的感觉，即渴望归属于一群有相似使命或共同身份的人构成的集体。

你的家庭也许很棒，但你的身边却没有亲密的朋友，抑或没有一群和你相似的人，这让你感到缺少归属感。在这种环境下，但凡缺失了某种关系，你就会感到孤独。

对我来说，我一直在与亲密型孤独做斗争。我有朋友，有团队，却没有一个亲密的家庭。在某些重要时刻，我常常感到孤独；我不愿意过圣诞节和生日，因为这些日子让我觉得无依无靠。幸运的是，我的空虚终于被新的寄养家庭填补，他们把我视为家庭一员，我在他们面前可以完完全全地做自己。

我想，新冠病毒感染疫情下的生活放大了人们的孤独感，一些人可能在此之前从未感到过孤独，另一些人则发现孤独曾经只是一种心理感受，而现在却变成了实实在在的生活。当社会进入隔离状态，每个人的感受或有不同，但所有人却有一种共同的经历：疫情期间的“物理隔离”。在这段时间里，我接受了很多媒体采访，都是关于在隔离情况下人们该如何保持联系。我想可以和朋友视频聊天，或每天和一个朋友发发信息，以此来沟通交流。这些方法不仅在疫情期间适用，也适用于任何承受着孤独压力的人。

我只想告诉你，你并不孤独。你绝非孤独一人。这一路上，你每迈出一步，身边都有人为你加油打气。我也在为你加油。我和很多人一起，默默守护在你身边。我和其他心理健康的倡导者愿意尽我们所能，为你而努力。你会明白，希望就在前方，你无须孤军作战。

信读到这里，我希望你可以尽快找到一个朋友、老师、医生、家人……一个愿意倾听、不吝帮助你的人。

你并不孤单。

爱你的杰茨

对抗孤独：技巧和工具

柯尔斯顿 · 戴维斯医生

1. 与人、动物、自然、世界建立联系。

2. 赤脚出门。感受脚踏实地、与土壤接触的感觉。

3. 多锻炼。思考如何通过锻炼扩大社交范围。去健身房、上瑜伽课或加入运动俱乐部、运动小组。或许在那些地方你会遇到志趣相投的人。如果觉得有压力，不妨先从在家附近散步做起，记得给擦肩而过的路人一个微笑。

4. 与宠物互动。花些时间陪陪它。在抱着它、抚摸它的同时，注意感受皮毛的触感和温度。如果你没有宠物，可以和养宠物的朋友聊聊，主动提议去遛遛它、照顾它。

5. 找到一群有相同兴趣的人。加入线下俱乐部或线上聊天室。

不要强迫自己看清悲恸。

写给冲动的你

嗨!

请先深呼吸。给自己一点儿时间。有没有冷静一点儿?如果没有，再试试看吧！直到心平气和，我们再往下说。

你正在体验强烈的情绪，但它是会过去的。此时此刻，那些对你产生干扰的想法和情绪也许是合理的，但它们不过是情绪而已，并不是事实真相。

还记得有一次，我正在接受心理治疗，那时我的电影正准备在全球上映，压力和恐惧几乎吞没了我，我跟医生说:“我压力太大了，快要撑不下去了。”

我这么一说，医生立马让我站起来。我有点儿犹豫，因为当时我的情绪已经很激动了。但出于信任，我还是站了起来。她也站起身，走到我身旁，我们靠得非常近。我还记得当时那种浑身不舒服的感觉，我趔趄着后退几步，想离她远一点儿。她说："杰茨，再说一遍。"我不解地看着她，但还是照做了，"我压力太大了，快要撑不下去了"。

她说："现在，我想让你再重复一遍刚才的话，但这次，你要说'我现在有一种压力很大、快要撑不下去的感觉'。"其实我不明白她要做什么，但拗不过她的一再坚持。我只觉得越来越焦虑——她站得离我太近了。我按她说的做了，然后她后退了一步。我每说一遍，她就后退一步，离我越来越远。

后来，她跟我解释，之所以要在表达情绪之前，加上"我现在有一种……的感觉"，是因为这样做可以让情绪一步一步地远离你。这种方法能帮你明白那不过是一种感受或情绪，并不代表事实当真如此。承认自己的想法和感受固然重要，但在恐慌和冲动的时刻，后退一步，相信事情还有转机也同样重要。

冲动令人恐惧，仿佛一切已不受控制。我曾无数次与冲动对抗，为了学着控制它，着实吃了不少苦头。我想告诉你的是，这些想法和冲动可以存在，但你无须受其摆布。你可以在情绪的巨浪中安之若素，因为一切都是会过去的。

十几岁时，我的冲动情绪让我多次尝试自残，甚至自杀。即使能保持片刻的冷静，但过不了一会儿，我就会难以自抑，冲动行事。

我清楚地记得，在经历了最后一次自杀冲动后，我给自己定了个目标，要试着排解这些难以抑制的情绪。我做的第一件事就是给自己写封信，名为“写给想自杀的自己”。关于这封信，我已经介绍过很多次了，也许还有人没听说过或读过它，它只是一封我写给自己的、在感到冲动或想伤害自己时需要反复阅读的信。因为我发现，在急躁和激动时，我们很难控制自己，或保持头脑冷静。所以，我提前写好了这封信，来提醒自己在冲动时有哪些人可以联系、值得战斗下去的原因和未完成的任务。如果我向冲动投降，那接下来会发生什么，其实不难想象。

写给想自杀的自己

如果你正在读这封信，我想你可能是遇到了一些糟糕的事吧。也许你看不到任何希望，觉得自己已经进入了死胡同，甚至觉得这个世界没有你才会更好。你认为自己是身边每个人的负担，没有人会爱你。但你错了，总有人爱着你。你应该做点儿什么，把自己重新拉回现实。

来点儿鼓舞人心的音乐吧，别再听那些伤感的歌了，你明知道那些歌会让你更郁闷，你还总是这样做。给你的朋友埃斯特（Esther）、莉比（Libly）、韦恩（Wayne）发个短信。

记住，你并不孤单，大家都在乎你，所以放下自己的骄傲和恐惧，找他们帮忙吧！他们宁愿看到一个把一切搞得一团糟的你，也不想失去你啊。其实接下来会发生什么，你很清楚：医院、警察……你已经经历过了，而此刻，你有机会不再重蹈覆辙。

现在你已经离痊愈很近了，所以请不要放弃……想想那些值得为之奋斗的人和事，想想关心你的人，想想你的未来……这不是和过去抗争，而是为未来而战。就是现在，开始战斗吧！

你可以的。

杰茨

我希望你也可以给自己写一封这样的信，每当你感到冲动或难以自控的时候，拿出来读读。信里应该包含以下重要的信息：

- 你在为谁而战斗？家人、朋友等。
- 你该如何战斗？可以给某人打个电话、听点儿开心的音乐、找到舒缓心情的方法等。

- 你为什么要战斗？你这样做是为了家人、事业或是未来的家庭？

对我来说，这样一封信堪称救命恩人。每逢强烈的冲动向我袭来时，我便把它拿出来，提醒自己还有哪些事要做。我的日记本里也详细记下了可以通话聊天的朋友，以及一些平复情绪和分散注意力的实用方法。

你的每一个决定，都充满力量。现在，此时此刻，你有能力克服自己的冲动，你有能力给别人打个电话、看会儿电视剧、冲个凉……随便做些什么，让自己平静下来吧！

这很难，我知道。你需要做出一个接一个的决定，但这一切都是值得的。因为你值得。

你值得留在这个世界上，你值得被爱，值得被帮助，值得幸福地活下去。这一刻终将过去，它不会永远地停留。你可以做到的！

深呼吸，读完这封信，想想下次再经历这一切时，你可以怎么做，把它们写下来。

爱你的杰茨

你的每一个决定，

都富有力量。

写给压力之下的你

你好呀!

现在压力很大，是不是？这是人之常情，再正常不过了。但即便所有人都知道有压力是“正常的”，也并不代表你在小题大做。

我们都需要处理压力。我也常常感觉有压力，尤其在想到工作时（过去几周格外艰难，因为我在写这本书！）。压力是我们的身体面对挑战或要求时所出现的反应。短时间内，压力可以是积极的，它激励我们采取行动，回避风险，完成任务。有很多事情会让我们产生压力：学业、考试、工作的截止日期、人际关系、财务状况、事务繁多而时间紧张，等等。这样的例子数不胜数！

尽管当下的压力可能让你无法承受，但你要知道，这种感觉不会永远持续，你完全可以做些什么让自己的头脑一点点回归清晰，比如通过制订计划来应对压力。

在制作自己的第一部纪录片《杰西卡的树》时，我的压力真的很大。当时我面临许多急需完成的工作，所以我不断给自己施压，手忙脚乱地应付生活里的各种小事。我还记得我跟别人说，我的压力实在太大了，我觉得我要完蛋了。那个人对我说："不，杰茨，你可以的，你只是需要帮助。除了按时完成工作外，你得先保证把自己照顾好啊。"

这番话让我恍然大悟。我想，在忙碌的日子里，我们都会因为忽视了自己而感到内疚吧！我承认，我就会经常忽视自己。现在，我开始明白腾出时间照顾自己有多么重要了，比如好好锻炼、保证睡眠及健康的饮食。因为在某些情况下，这可以防止我在高压下无法喘息。

（如果你已经被压力打败了，请翻到“写给不堪重负的你”这一篇，希望可以帮到你。）

对我而言，对抗压力的第一选择就是锻炼身体，只是我有时候没有时间。（其实我知道在正在读这本书的人里，有一些人很讨厌锻炼，而且有饮食障碍的问题。如果你是这样，不妨跳过下面几段。我请了一位有同样困扰的朋友为你写了封信，你可以只阅读下文列举的技巧，然后翻到第108页，学习如何处理。）我平时会去健身房，或和朋友定期散步，但在工作的截止日期快到时，我只能暂停锻炼，全身心投入工作。

有很多证据表明，锻炼身体是缓解压力最重要的方法之一。我不清楚具体原理是什么，但有研究人员认为，给身体施加压力能减轻精神上的压力。

锻炼方法因人而异，重要的是发现对自己有效的活动，并将它融入你的日常生活。对很多人来说，最好的活动是每天散散步，呼吸新鲜空气，散步对精神和身体都大有裨益。但对我来说，除非和朋友一起，否则散步并不能让我提起兴趣。相反，我喜欢去健身房上几节时间短而强度高的健身课，搏击是我的最爱！快去快回只需 30 分钟，就能让我感到焕然一新，体内充满了内啡肽[①]。还有些人喜欢上舞蹈课、徒步旅行、跑步、游泳、做运动……总之，千万不能忽视了锻炼！它是能帮你缓解压力的一种简单方法。如果你此刻感到压力很大，为什么不选择在今天去散散步、跳个舞、去趟健身房，或做些别的训练呢？

接下来的建议可能会让你有点儿难以接受……当你面临压力时，的确应该尽量减少咖啡因的摄入量，而非增加。大概七年以前，我就成了一个狂热的咖啡爱好者，在我的认知里，咖啡可以和工作画等号。咖啡让我清醒，工作越多，喝的咖啡也越多。但多余的咖啡因摄入对控制压力水平没有任何好处。所以，如果你正为考试而焦

① 内啡肽，亦称安多芬或脑内啡，一种脑下垂体分泌的激素，与吗啡受体结合，能产生止痛效果和欣快感。——译者注

头烂额，或面对堆积如山的工作，请谨慎摄入咖啡因。过多地摄入反而会导致焦虑，增加压力。可以尝试把咖啡换成低因咖啡、奶昔，甚至水。

下一条建议：把需要做的事全部列举出来，写在纸上。然后按照重要性从高到低排序。有时把所有任务都写下来，看着白纸黑字，能帮你稍微理清思绪。把最不重要的任务先抛在脑后，只关注三件最重要的事情。这三件事里，哪一件的截止日期最近，或有绝对优先级？先完成这一件事，剩下的再慢慢来。

最近我开始尝试一个新的方法——把每一天分成六个时间块：

1. 晨起日常（淋浴、早餐、写日记等）
2. 上午的工作
3. 午餐
4. 下午的工作
5. 晚餐
6. 晚间活动

然后我会看看本周要做的事有哪些，把所有任务按照主题或种类区分，用不同颜色的笔把它们标记在日历上，再分配给每一天不同的时间块，以确保能顺利完成所有工作。

如果你的压力来自人际关系，那么可以找你信任的人聊一聊。试着写封信，描述你感受到的一切，然后想想下一步该如何解决问题，缓解压力。

现在最重要的是，你要知道这种感觉是会过去的。压力是暂时的，你会好起来。在人生的壮阔旅程中，此刻只是白驹过隙。你的幸福才是最重要的，而成为最好的自己意味着你能够竭尽所能完成你的任务。

你可以的！

深呼吸，慢慢来，你会越来越好。

爱你的杰茨

深呼吸，
慢慢来，
你会越来越好。

第二部分
PART 2

当你
迷失自我时

写给自以为是累赘的你

嗨，你好呀！

首先，我想告诉你的是，我比任何人都了解这种感觉——害怕成为别人的负担而不敢说话；担心自己太多余，让他人感觉疲惫。这些想法会让你越来越自卑，但我可以代表其他人向你保证，你并不是谁的累赘。

你受伤了，应该得到支持和帮助，不管类似的事情曾经发生过多少次。

我能看到你，听到你。我懂你。自以为是他人累赘的想法是如此沉重，它所产生的心理影响比人们认为的要大得多。心理疾病和随之而来的各种问题，让本来就在现实中挣扎的你承受了更多的压力：你感觉自己的痛苦和挣扎只会让身边的人徒增烦恼。

我真切地感受到，这是一路走来我所面对的最困难的事情之一。我不停地思考我到底给别人带来了什么，如果没有我，他们的生活会不会更容易一些。有很长一段时间，我在抑郁时甚至不敢说话，因为害怕陷入无休无止地伤害亲近之人的循环中。在这样的循环里，他们不得不一次又一次地帮我渡过危机，带我去医院，然后再次目睹我的崩溃。

那段时间，有很多人在我生命中出现又离开；有很多人都说已经受不了我了（因为他们从未了解过我）；也有很多人觉得他们有义务"治好"我，但当他们发现自己无能为力时，便离开了我。我越来越相信，自己真的太多余了，我开始害怕向他人求助，因为我想没有人愿意知道我经历了什么，我只是他们的包袱。

如果你读过我的第一本书《停止挣扎，开始抗争》，你应该知道我生命中出现过一个很特殊的女人——埃斯特。我们经常聊关于生存和抗争的话题，以及这个话题是如何改变了我的生活的。但大家并不知道的是，在此之前，我们是怎样携手同行，一起度过了那些岁月。

我 12 岁时第一次见到埃斯特，当时的我情况非常非常糟糕。几年后，她和我去了同一个教堂，成为愿意走进我的生活、和我一起战斗的伙伴。埃斯特经常是那个收到我的告别短信或电话，知道我又进了医院的人。有那么几次我从医院逃跑，大闹一场；更多时候我痛哭流涕，难以自抑。她见过我最黑暗的时刻，也了解我为保护自己而织就的安全网。

我喜欢一个人解决问题，除非到了不能独自应对，或事态恶化到难以招架的地步。我不想麻烦她。这种想法导致我的心理压力越来越大，越来越觉得自己是个负担，我想如果没有我，别人会过得更好。

然而，经过了这么多年，我终于明白，即便我的大脑一直在暗示我给埃斯特添了很多麻烦，但她从未把我视作累赘。这并不是说她觉得照顾我很轻松——我很清楚自己是多么让人头疼——而是她从未像我看待自己这样，看待过我。

我特地请埃斯特写了一封信，想让你知道，那些真正爱你、在乎你的人，只想看到你越来越好，找到生命中的快乐。希望她的信能帮到你，虽然你觉得自己是负担，但事实上你并不是。希望她的信能鼓励你走下去。

埃斯特的信

你好，亲爱的朋友！让我告诉你，你才不是什么累赘。

我们可以先来给“累赘”下个定义。

累赘：一个棘手的问题；一项义务或一种负担。

好，现在，我们再来看看另一个概念——归属。

归属：处于适当的位置；成为群体的一部分；因出身或血缘而产生联系。

以上两个概念有很大的不同。虽然它们呈现出的行为看上去差不多，却由于出发点不同，因此会导致不同的结果。“累赘”的出发点是义务，即“不得不”，对方被逼迫着完成困难的任务。其结果通常稍纵即逝，仅为权宜之计。而“归属”的出发点则是共同的意愿，其行为是自愿且饱含关怀和爱的。虽然结果可能微不足道，却足够持久，生生不息。

你看到别人在你身上花费的时间，和你一起用餐、喝咖啡，鼓励你，艰难地与你交流、发信息，你也许会想：这是为了什么？我明明无以为报，他们怎么会对我这么好？他们也有自己的家庭和生活需要照料，为何还会这样照顾我？然而，这只是从你的视角看到的东西罢了。你看到的是沉重的担子。而我看到的，却是一份珍贵的归属感。你不是他们的累赘，你是他们的一部分。

归属，是一个值得等待的过程。它温柔而坚定地改变着你，让你抛弃固有的想法，不再拒绝，不再孤独，不再认为自己不配。它不需要装腔作势，也无法由他人替你完成。你只需要在每一个平凡的日子里，向我们伸出手，而我们发誓，一定会陪伴你走下去。如此一来，所有在你身上投入的精力、时间和资源都有了价值，因为这会让我们彼此建立信任。

慢慢地、稳稳地走完这一路，只要持之以恒，你终会发现你不是谁的包袱，你只是找到了归属感。有人愿意帮助你，不仅是为了陪你度过最艰难的时期，还有那些愉快或平凡的时光。在淡而无味的每个日子里，你都应该知道，这世上有一个角落为你而存在，你属于那里。所以，你不能放弃，你不是负担，你属于那里。

埃斯特

你不是负担，你属于那里。读到这里的你，请记住：你属于那个角落。

即使你正负重前行，也并不意味着你是谁的负担。

去寻求帮助吧。那些你不愿打扰的人，他们宁可你狼狈地活着，也不愿放手让你离去。

你可以的。

爱你的杰茨

即使此刻你的肩上正负有沉重的担子，

也并不意味着你是谁的负担。

写给担心自己还不够好的你

嗨，我的朋友！

首先，我想说的是，你已经很好了。现在的你，已经足够优秀。

无论是别人告诉你你还不够好，还是你总在和其他人比较，总之，我很清楚，每个人或多或少都会有这样的烦恼。我也经常怀疑自己，说老实话吧，就连现在，我也觉得自己不够好！

一个和我很要好的朋友总是这样跟我说：“杰茨，我爱的是你这个人，而不是你做了什么。”我们很容易以自己的所作所为来定义自己的价值和身份，因此，当我们的行为发生改变时，仿佛自身的价值也随之变化了。然而，这并不是真的。

与认为自己永远不够好的想法做斗争也经常让人难以承受。“所有人都比我优秀，他们比我更值得”这种执念纠缠了我好多年。时至今日，我仍在想凭什么我可以写书、分享我的故事、执导电影、在世界各地做演讲？我开始和别人比较，发现他们明明比我更擅长这些工作，继而又陷入“我是不是不够好”的问题之中。

这显然是种不健康的心理，我袒露我的状态只是想让你知道，你并不孤单。所有人都会时不时地自我怀疑，但重要的是，你要相信自己。你是独一无二的，你带给世界的东西正是世界所需要的。行动、想法、视角……它们只属于你，只来自你。你被人需要。

逐渐意识到只要做自己就足够了，是一个很难的过程，可能要花费几年的时间。而且说真的，我们很多人和你一样，都还在这条路上跋涉。我总是觉得自己要忙起来才行，只有过度工作才能彰显价值。我把自己逼到极限，期待消除无能为力的感觉。

很多人跟我说过：“我还不够好，我做得还不够。在班上，我从来不是最聪明的那个；在田径场，我也不是跑得最快的；唱歌、跳舞，样样我都做不到最好。我唯一擅长的，似乎只是不断地惹麻烦……而这并不是什么值得骄傲的技能。”

然而，我开始发现，我的价值和我能做到什么、不能做到什么一点儿关系都没有，和我过往的经历更是毫无瓜葛。即便曾经辉煌和成功过，也不例外。

你的价值远远超乎你的想象。就算一些人和事偶尔会使你看轻自己，质疑自己的价值；就算我不知道你遇到了怎样的难题，面对着怎样的障碍，但我相信，一个人只要做好自己就足够了。

能够来到这世界已经算是个奇迹了，而现在奇迹已然发生，我们拥有了你。在你到来之前，世界永远有一小块空缺，等待填补。我也不想肉麻，但朋友啊，你要知道，你，仅仅是你，已经足够了。

我们容易拿自己和他人比较，尤其是在网络世界。但我保证，每个你能看到的人都会偶尔有这样的想法——“啊，要是能过上他那样的日子就好了”。但事实上，其他人也会痛苦，也会偶尔羡慕别人的生活。我们必须非常小心，不能用他人的成就、辉煌、地位或其他东西来衡量自己的价值。同样生而为人，你和你最喜欢的运动员、演员、企业家有着一样的价值。为什么？原因很简单：人的生命价值都是相同的。也许你很难信服，就连我也正在努力让自己看清这点。

目前社会已经发展出一种信念，即某些人的生命总比其他人的更有价值。我们能在很多方面窥见这种价值观，比如种族、财富、地位或权力。然而说到底，无论社会描绘了什么，我们都是一样的存在，都生而为人。你，仅仅是你，已经足够了。

别再通过外界事物来衡量自己的价值，去发掘自身了不起的那一面吧！你不必成为最成功的商人或顶尖的运动员，也不必在社交平台上坐拥百万粉丝，或学习成绩名列前茅。你只需要做好你自己。

再说一遍，请你相信，你并不孤单。有一些旅程，我们可以携手同行。如果社交网络上有些人总让你感到自卑，不妨屏蔽他们吧。这没什么大不了，屏蔽不代表不喜欢，只是一种过滤日常信息的方式罢了。每天早上，我们可以大声地说出对自己的肯定，提醒自己：我已经很好了。

在这封信的结尾，我希望你能做点儿什么。拿支笔，写下你最喜欢的关于自己的三件事吧！我知道这听上去挺俗气的，但相信我，这是一件值得花时间好好思考的事。你有很棒的朋友？你很幽默？待人诚恳？有同理心？试着去想想吧！

请记住，你已经足够好了。

爱你的杰茨

别再通过外界事物定义自己的价值，
去发掘自身了不起的那一面吧。

写给觉得自己不配的你

亲爱的你！

我很心痛，你会有这样的感觉……我也很了解这种感觉，当听到别人说“我爱你”，内心却自动回应“不，你在骗我”时，有多么痛苦和令人心碎！人最重要、最基础的需求之一就是爱，所以当大脑告诉你你不值得被爱的时候，各种情绪和反应便应运而生了——而且，都是最糟糕的那种！

让我来告诉你吧，你正被人爱着。你是最可爱的。你值得被爱。我敢保证，你的世界里一定有人深爱着你。对很多人来说，他们被家人疼爱；也有一些人被朋友或身边的人放在心上。你也如此，只是过往的经历或内心的想法可能让你对这些视而不见。

我与这个问题抗争了许多年。究其原因大概是曾发生在我身上的各种事和别人对我说过的话，但最主要的，恐怕是我心中的那股自我厌恶。如果连我都不爱自己，又有谁能来爱我呢？我以为大家眼中的我正是我眼中的自己：一个彻头彻尾的累赘，活着只是浪费空气，“让人头疼，不好应付”，那些关心我的人也只是因为他们不得不关心我。其实在那段痛苦的时间里，我一直有朋友，还有非常爱我的人，但我总是把自我厌恶的想法投射到他们身上。这几乎就像在说：“你们说爱我都是骗人的，我知道这根本不可能！”

而事实是，在我自暴自弃的那些年里，那些说爱我的人，至今仍留在我的生命中。我现在毫不怀疑，他们爱的就是我这个人啊。他们变成了我的家人、我最亲密的朋友。他们对我的爱从未改变——唯一改变的，是我终于相信，我被人深爱着。这段旅程走了好久好久，直到现在我才明白，即便有那些不堪的回忆、糟糕的过往，我仍然值得被爱。作为一个人，我值得被爱。

请相信我，总有人爱着你。只是他们可能不知该如何表现，也许偶尔笨手笨脚，言行鲁莽。而你的大脑总会误解某个行为，对某句话断章取义，从而让你相信你是不值得被爱的。

举个例子：我记得有一次我和一个非常亲密的老朋友一起参加会议。我看见她从走廊另一边朝我走来，却径直从我身边走过，一个招呼都没打。当时，有那么 10 秒钟，我的大脑在说："看见了吧，她把你当成个麻烦。她不喜欢你，杰茨。"我仿佛是一个方形的楔子，使劲往三角形的洞里挤，多么格格不入！这段经历在我心中被扭曲，以佐证我认为自己不值得被爱的想法。后来我才知道，当时我朋友的试音工作已经迟到了，她一心急着去排练，根本没有注意到我。这和她爱不爱我、觉不觉得我是个麻烦，一点儿关系都没有。实际上，当时发生的情况完全和我毫不相干！

让我重申一遍：你非常可爱。不管你做了什么，或你身上发生过什么，你都值得被爱。

为了消除心中的疑虑，我做了这样一件事——我翻了一遍手机，找到那些亲朋好友发来的说他们爱我、信任我的信息，再复制粘贴到手机的备忘录里，每条信息后面都标好发信人的名字。这些收集起来的信息就像“证据”，当我觉得自己不被人爱时，它们可以向我证明我最亲近的人都说过些什么。

如果你手机里没有这些信息，不妨去做另一件很勇敢的事吧！把你面临的问题说给几个最亲近的人听，请他们给你写张纸条或发个信息鼓励你，这样当你又开始自我怀疑时，就可以拿出来看看了。

除此之外，我还把信息复制到日程簿里，记下了他们做过的、能体现出他们爱我的事。比如五年过后，仍陪在我身边、去医院探望我、和我一起出去玩等。最重要的是，他们在见识了遍体鳞伤的我、陪我经历了无数挣扎与折磨之后，还愿意陪着我。也许这本身就足以证明“我觉得自己很糟，不值得被爱”的想法并不是正确的。

我不知道是什么让你有了这样的感觉，也许连你自己都不清楚，但作为一个过来人，作为曾笃信自己不值得被爱的人，我想告诉你，这种想法是不正确的。

你被人疼爱。

你被人需要。

你很重要。

你值得。

爱你的杰茨

你值得被爱。

写给看不到希望的你

嗨，你好呀！

如果你关注过我，听过我的故事，你应该知道我最爱说的一句话是“希望真实存在，改变大有可能”。这不是什么俗气的名人名言，而是我生命中的绝对真理，是我的信仰！

我想，这是因为我一生中的大部分时间都恰恰过着与这句话相反的生活。对曾经的我而言，希望什么都不是，只是两个简简单单、毫无意义的字；改变只会发生在除我生活之外的其他事情上。天气在改变，流行元素在改变，四季在改变，朋友也在改变……唯独我的境遇，一如既往。我曾一度深信，我这辈子也就这样了。但是，我错了。

生活的确非常艰难，尤其在身处困境或苦难之中时，我们看不到前方的出路。目之所及，只有当下的狼狈。这让人无法喘息，让改变成为不可能实现的事。也许你现在的敌人是心理疾病、是贫穷、是感觉自己永远都不够好，或是其他。然而，我们周遭有无数的人和事都在向我们证明，不管现在遇到了怎样的问题，希望真实存在，而改变大有可能。

也许你听说过我的经历：童年遭受过性虐待，此后一直饱受精神疾病的困扰。但今天这个站在你面前的女人，这个站在舞台上、出现在短视频里的心理健康倡导者，她的脸上永远挂着微笑。理解他人的痛苦并非易事，尤其是看到他们已经有所成就，就更难相信他们也曾像你一样。所以我想聊聊我这一生中最消沉的那段日子，希望能打破我们之间的壁垒，让你明白为什么多年来，我的生活没有希望，黯淡无光。

我想最能说明这点的，应该是我最后一次住进精神病院的经历。那时候，我的生活天翻地覆。最开始，我因为精神问题被公司解雇，身无分文，债台高筑。因为没钱付房租，我从当时住的地方被赶了出来，也找不到其他能容身的地方。在此之前，我脱离了能容纳我的圈子，离开了那些最了解我的人，完完全全与他们切断了联系（我 16 岁时已经因为精神问题离家出走了）。这些年来，我反反复复进出精神病院，自暴自弃，早已对众叛亲离的生活习以为常，甚至在填写住院档案时，写不出一个紧急联系人的名字。失业、破产、无家可归、孤立无援、整整与精神疾病斗争了九年的我，最终还是住进了精神病院的重症监护室里。

我还记得我坐在那间病房中胡思乱想：就这样吧……没有出路了。这就是我的人生。

但我真是大错特错了。

后来的我不仅学会如何打败病魔，告别心理治疗，还与亲友重归于好，重燃希望，曾经视为常态的生活也终于开始改变。没有什么会在一夜之间改头换面，但只要坚持，只要多留在这世上一天，战斗一天，你就会看到变化。直至今日，变化仍在发生。我也在成长、学习和改变。无论眼前有多么黑暗，我总能看到希望的光。

我多么希望曾经饱受折磨的自己可以早点儿明白这个道理啊！于是我请我的朋友——我的生活里不可或缺的朋友埃斯特帮忙。我请她给年轻的杰茨写封信，就是那个正与此刻的你一同挣扎的杰茨。

埃斯特的信

亲爱的年轻时的杰茨，你好呀！

当我对你说，“我会永远陪着你”或“你值得最好的，也许你现在还不信，但早晚有一天你会相信”的时候，我读懂了你眼中的东西。那是困惑、否定、怀疑，仅仅掺杂了一丁点儿的希望。然而就是那一丁点儿的希望，才是现在的你最需要的啊。你需要那希望之火让你“停止挣扎，开始抗争”，你需要它改变生活中的一切。

不知现在的你是否明白、是否能意识到那希望的火花。但还好我很明白，也清楚自己的职责所在——我要帮你看到它！它就在每一条你约我出来聊天的短信里；在每一次你敞开心扉与我的谈话中；在每一次你愿意相信我对你的鼓励时；在每一次你参加的心理咨询中；在每一次你振作起来去工作、教堂、健身房或工作室的路上；在每一次你顽强的呼吸里。它是你激动时的每一滴泪水，是我们见面时的每一次拥抱和共享的咖啡，是每次深呼吸后再来一次的决心。它在所有黑暗的日子里，鼓励你咬紧牙关坚持下去；也在每一个你犹豫的时刻，鼓励你去相信那些身边人的话语：你很重要、你很珍贵、你被人所爱、你是我们的一部分……

就像这样，日复一日……希望的火花逐渐燃成烈焰，驱赶走了那些黑暗的时刻和随之而来的种种梦魇。它光芒万丈，终会让你无法忽视：希望，就在那里。

希望就在那里，美好的生活就在那里。你的精力将不再消耗于苟延残喘，而是投入更好的生活。你将融入属于你的群体，拥有一个大家庭，他们爱你，愿意接受你。

希望是漂浮着的，它就漂浮在生命的长河上，即使偶遇风雨，也依然存在。所以，在阴暗的日子里，我也能看到希望正伴随着你。

你不是负担，因为那一丁点儿的希望，它是如此渺小，不易察觉，却又无比伟大，足以改变一切。你不是负担，因为我唯一需要做的，只是在你面前举起一面镜子，让你也能看到那一丁点儿的希望。因为它，我愿意回复你的信息，愿意向你敞开心门和家门。因为它，我才能再见到你、鼓励你。因为它，我能看到不一样的故事结局。因为它，我眼中的你与你眼中的自己有所不同。因为它，我知道你可以撑下去。因为它，我知道自己要做的不是拯救溺水的你，而是要教会你如何游泳。

因为它，在狂风暴雨中，我免于沉溺，因为希望永远存在！早晚有一天，你将需要更多的希望，远比那一丁点儿要多。但现在只是个开始。在属于你的美丽世界中，希望真实存在，改变大有可能。

爱你的埃斯特

埃斯特的信不仅是写给年轻的杰茨，也是写给你的啊！只要你还在这里，还在呼吸，就永远有希望。即使在最黑暗的风暴中心，即使你觉得自己是世界的累赘，但依然有人关心着你，爱着你。

我走了好久好久，才过上现在这样的生活。让我告诉你吧，不必非要等到转折出现才开始改变。如果你只是站在原地，让改变仅仅停留于想法，那么改变永远不会发生，只有行动才会激发改变。

以我为例吧，我一直对影视行业很感兴趣，决定报考电影学校。被录取后，我开始拼命学习和工作。我永远是第一个到教室、最后一个离开的人。

在开始学习后不久，我和我的朋友吉纳维芙就成立了心理健康慈善组织“希望之声”。最初，这个机构规模很小，只是单纯想凭借我们讲述故事的热情告诉人们希望永远存在。第一部视频作品是由我执导的《亲爱的想自杀的我》(*Dear Suicidal Me*)。我们大概有 300 澳元（约合 1 400 元人民币）的预算，制作视频的参与者全是电影学校的学生，最终的作品质量平平。

然而，这条视频最后的全网累计播放量达到了 8 000 万次。那一年，我成为新西兰纪录片基金会最年轻的获奖导演，我想要制作一档电视节目的想法也随之而生。我们开始为“希望之声”创作更多内容，开始缓慢而坚定地在公众面前发声。

虽然事业逐渐起步，但我仍然身无分文。没钱付房租，没钱吃饭，所以只能把片场的食物带回家。实际上，一直到 18 个月前，我才开始赚钱，过上稳定的生活，买了第一辆还算体面的车！

我给你讲这个故事，是因为我从小就很穷。贫穷曾是我生活的一部分，也曾是我所知道的全部。我从来不敢奢望改变，仿佛捉襟见肘的生活只能是一成不变的。

但其实这些根深蒂固的想法，这些所谓“流淌在血液里”、让人见怪不怪的东西，都可以被改变。

在这段时间里，我积极地和之前的朋友联系，解开困扰我多年的想自杀的心结，并试着告诉自己我应该留下来。这是个大工程，直到今天我仍在努力。我还在接受创伤咨询治疗，以保证我能直面生活里的各种问题。然而，如果你跟当年那个坐在精神病院里的女孩说，有一天她会过上我现在这样的生活，她一定不会信你。但希望真实存在，改变大有可能。

我不是这些故事里的唯一主角。和我有同样经历的，大有人在，甚至包括很多赫赫有名的人。比如勒布朗·詹姆斯[①]（LeBron James）。不管你是不是篮球爱好者，应该都听过他的名字吧。但很多人并不知道他的故事。他的母亲在16岁时生下了他，他的父亲前科累累，从未在

① 勒布朗·詹姆斯，美国职业篮球运动员，效力于洛杉矶湖人队。——编者注

他生命中出现过。外婆过世后，他便一直由单亲妈妈抚养长大，再后来一位橄榄球教练把他接到自己家中。正是这个教练让他走上篮球之路，续写了他往后的人生。希望真实存在，改变大有可能。

奥普拉·温弗瑞[①]（Oprah Winfrey）小时候与祖母一起生活，随后开始在亲生父母的互相推诿下东徙西迁。她很小的时候就惨遭性虐待，14 岁便意外怀孕。但最终，奥普拉成为当地第一位黑人女主播，继而又成为一名非常成功的日间栏目主持人和我们今天所熟知的世界名人。希望真实存在，改变大有可能。

现在的你也许只能看到黑暗，但你要相信希望的光。改变并不一定意味着成功，但随着时间的推移，它一定可以让你的生活与现在不同。黑暗会被驱散，关系可以复合。微笑可以重新学习，笑容可以再次绽放。早

① 奥普拉·温弗瑞，美国著名主持人、制片人、演员。代表作为谈话类节目《奥普拉·温弗瑞秀》。——编者注

晚有一天，当你回头重看这一切时，你会说“啊，我做到了”。

只要活着一天，呼吸一天，就永远有改变的可能。生活并非一成不变，也绝不会一成不变。

不要放弃。一切皆有可能。

希望真实存在，改变大有可能。

爱你的杰茨

第三部分
PART 3

当你处于困境时

写给不堪重负的你

嗨，亲爱的你！

先做个深呼吸。不堪重负的感觉会让人麻木，我也曾感同身受。每个人都会时不时有不堪重负之感。它来自生活中各种不同的情况：也许是接下了太多的工作不知从何开始，只好束手无策地拖延下去；也许是情绪的波动，让人不堪重负。

不管怎样，并不是你一个人在经历这些。

对我个人来说，这种感受常常出现。多年来，它所呈现的方式和发生的原因都在不断变化，但带给我的感受一如往常。它是一种能吞没我的情绪，我不知如何描述，甚至无从理解。仿佛生活一下击垮了我，而情绪之杯还在不断满溢。

调节这些情绪真的很难，但也并非毫无办法，比如 CBT（Cognitive Behavioural Therapy，认知行为疗法，帮助你改变认知从而纠正行为的方法）和 DBT（Dialectical Behavioural Therapy，辩证行为疗法，结合了正念、接受[①]和情绪调节等策略的方法）这样的疗法，可以帮助你管理和处理这些令人窒息的情绪。假如你经常感到不堪重负，别害怕，去找心理咨询师获取专业的帮助吧，他们能传授给你你当下需要的各种技巧和策略。

我作为一个心理健康的倡导者，也时常感到不堪重负。没关系，这是人之常情！有很多次，我困在这种情绪里无法自拔，在朋友家整夜痛哭。而当下最重要的是

① 接受，主张接受“人生并非一帆风顺”的现实，是治疗抑郁症、成瘾症等精神疾病的方法。——译者注

找到方法帮助我们渡过难关。

有很多行之有效的方法能帮你从不堪重负中解脱出来。你可以花上几小时在网上找攻略，我也会从个人经验出发给你一些最主要的建议！

1. 站起身来，出去走走

我知道散步并不能消除这世上的所有烦恼，但它的确可以让你暂时摆脱忧虑。走出去，为自己创造一个能够静下心来的空间，这很重要。通过这种方式，你和那些让你不堪重负的事情之间，便多了一个喘息的空隙。

在散步的同时，听点儿音乐，如果还是会胡思乱想，可以尝试听一本有声书。有声书真的很棒，当你专注地听，就减少了胡思乱想的可能。

空闲时，列一张清单，记下那些评价不错的有声书，让你有多一点儿选择，不至于在下一次感到无力招架时还要疯狂搜索一个可听的内容。

有声书还可以帮你集中注意力（我经常在开车的时候听），或把它当作减少使用社交媒体频率的方式。我总是一边听，一边闲逛。

2. 把让你感到窒息的事写下来

无论是自己的感受，还是发生在具体情境中的事件，把这些感觉和事件写在纸上，是理清思绪的好法子。你不需要深思熟虑或字斟句酌，只要把想说的倾注在笔尖，把所有感想都写下来。将心中所想写在纸上能让你的头脑更清晰一些。同时，它也可以很好地提醒你，既然以前已经经历过一次，那么这次你也一定可以渡过难关。

有些人可能觉得这样做会让自己想起很多已经过去的事，不由自主地把写过的东西看了一遍又一遍，我完全理解。过去很长一段时间里，我也这样做。但我发现真正有效果的做法是，把你的感受写下来，再接着把这张纸撕碎。我十几岁的时候写了几本日记，现在回头重看还挺酷的，能看出我进步了不少。但实际上，大部分的日记都被我扔了，真的扔了！不是装装样子。这没什么大不了！最重要的是你能把此时此刻的想法写下来。

现在，当我有了不堪重负的感觉，或正与情绪做斗争时，我会把想法写在平板电脑上，然后再全部清除。这种“一笔勾销”的感觉棒极了！

3. 阅读

除以上方法外，阅读也是一种放慢思绪，让你暂时逃避现实的绝佳方式。阅读能让你的大脑慢下来。如果你像我一样，头脑总是在高速运转，那就有必要经常阅读。拿起你最喜欢的书，把手机放到一边，找个舒服的地方坐下来读书吧。就算只有 15~20 分钟，也能产生神奇的效果。

我知道阅读并不适合所有人，我有时候也会看着书走神。我发现一边读书，一边听有声书很有帮助。这能让你的注意力集中在阅读上，而不是又飘回那些让你感到不堪重负的事情上。

4. 冥想

冥想也不是人人适用的。我不常做冥想练习，但我知道很多人都从中受益匪浅。也许我应该多多尝试吧！放慢大脑运转的速度，专注当下，可以让你得以真正地稳定心态，平心静气。调整呼吸，放空思绪，对你的身心健康都有好处。

5. 寻求帮助

请记住，你并不孤独。你可以拿起电话，和别人聊聊天。不想说的事，就不必多说；也可以走出家门，和朋友约会，一起去散步闲逛，这真的很有帮助。我经常叫朋友出来喝咖啡（当我焦虑时，一般都喝低因咖啡），在公园里走走。这不失为一种让头脑从混乱思绪里挣脱，放慢节奏的好方法。

和别人聊聊自己的感受也很有益处——对方可以是家庭成员、朋友、老师、同事，甚至是求助热线的接线员。我最近很喜欢和心理咨询师聊天，他们能帮助我管理情绪。你不需要独自与这些想法斗争，旁观者清，他们可以帮你跳出思维圈套，让你知道一切都会好起来的。

在感到不堪重负时，不妨尝试以上这些方法；同样，它们也可以作为一种预防手段。我不记得有多少次，我尝试了所有的方法，心想那些不好的感觉总算过去了，但最终又陷入深深的无力感中，纳闷“为何又要重来一次”。

所以，多点儿耐心吧，这些小事能帮助你保持心理健康。你永远是第一位的，其他的事都可以等待。

这种感觉会过去的。你会好起来。请放慢节奏，深呼吸。你可以的。

爱你的杰茨

你永远是第一位的。

对抗不堪重负：技巧和工具

柯尔斯顿·戴维斯医生

不堪重负是一种很难处理的强烈情感体验。当这种情绪爆发，我们常感到手足无措，清晰思考、做出合理选择的能力也因此受限。随着时间的推移，头脑逐渐清醒，我们方能理清思绪，在深思熟虑后做出决定。

出现各种情绪其实都是正常的。我们需要学着接纳、表达、认可它们，并从中汲取经验。最终目标是把它们利用起来，即使这些情绪会让我们觉得不舒服。人们通常会高估强烈情绪的持续时间。调节情绪的波动颇具挑战性，然而我们可以采用折中的办法，直到它们消失不见。

当你感到不堪重负时，以下是一些可能用得到的技巧和工具：

1. 谨慎观察并描述你的感觉。留心自己及周围的变化。现在到底是什么情况？你的感受如何？别人都在做些什么？

2. 参考情绪特征表（见 212 页），你能说出此刻自己的情绪是哪一种吗？想要转换情绪，第一步就是要识别它，并搞清楚它对你生理、心理、行为和思想等方面的影响。接下来，判断这种情绪及其强度是否与现实状况相匹配，如果需要的话，适当做出调整。

3. 是什么让你不堪重负？是你所处的情境、发生的事情还是你自己的想法？请把它写下来，或和朋友、家人聊一聊。

4. 为减轻这种无力感，有没有什么具体的问题是你可以解决的？如果有的话，请列举其一，然后头脑风暴出一些解决措施吧！下一步就是把它消灭掉。

5. 如果你无法解决问题，那么你可以：

- 保持专注。选中一件物品，试着形容其细节特征（颜色、质地、尺寸、重量等任何你注意到的特点）。

- 接纳情绪。感受它，而非管理它。跟着情绪的节奏起伏摇摆，告诉自己“一切都会过去”。
- 进行全然接纳练习（见 226 页）。
- 分散注意力，直到找到解决问题的方法。
- 记住你只是“被困其中”，而非“崩溃失控”。
- 做点儿让自己开心的事，直到心情平静下来。

写给厌食的你

嗨，我的朋友！

遇到这样的问题，你一定很难受吧。虽然我个人没有遇到过，但我知道对很多人来说，这是个棘手的难题，非常耗人心力。

我想介绍一个朋友给你认识，她叫吉纳维芙·莫拉。我们一起建立了希望之声这个项目，她在十几岁时有很严重的进食障碍。我请她来写这封信，因为她曾与你感同身受，现已渡过难关。希望她能帮到你！

请记住，你不是一个人，永远都不是。继续战斗吧！

爱你的杰茨

吉纳维芙的信

你好呀！

我想先告诉你的是，我能看到你，也能听到你。因为我正陪着你，给你加油打气呢！

就像杰茨说的，我太了解你现在的问题了。我们的故事也许并不完全相同，但我想告诉你，在这场战斗里，你并不孤独。

十几岁的时候，我因进食障碍而整日病恹恹的，也是因为这个问题，我浪费了很多时间在吃饭这件事上。幸运的是，一路走来，我学到了很多方法。最重要的是我知道了我应该吃东西，有那么多好吃的在等着我。你也一样呀！

导致进食障碍的原因有很多，不管你的原因是什么，希望这封信能让你意识到，你是可以战胜它的。

食物，是我们生存所必需的元素之一。想要活下来，必须吃东西，你需要食物来维持生存，你值得拥有美好的生活，这一点，请不用质疑。把消极的想法抛到脑后，跟我大声念出下面这些咒语吧。也许听上去傻乎乎的，但已有研究证实，积极的言语确实可以给人带来改变，我经常使用这种方法。

我的咒语是：

- 我值得所有美味的食物。
- 我配得上圆满的一生。
- 补充营养，好好生活。
- 食物不是我的敌人。
- 我可以做到的！
- 吃了东西，就有更多精力，头脑会更清晰。
- 我正在直面恐惧，挑战那些不切实际的想法。
- 我要更好地与别人交往。
- 我要与自由越来越近。

在经历饮食障碍的那段日子里，我发现专注于事物积极的一面对我来说会很有帮助。关注那些“有营养”

的事，对我帮助很大。

在最难的时刻，我总是会努力地思考为什么我要为身体和灵魂补充营养。让我来告诉你答案吧，因为补充营养真的很重要。我们的身体非常神奇，它保护我们、帮助我们，让我们能够尽情体验生活。所以反过来，爱护身体、保护身体，也是至关重要的。

所以正在读这封信的朋友啊，与你的饮食障碍斗争吧。我希望你能做些什么。可以向朋友或家人求助；随便吃点儿小零食；做一块愿景板或准备一块印有激励人心话语的餐具垫；和专业人士聊聊……你要相信食物是不会伤害你的，尽管你潜意识里有些抵触它。

开始健康生活的最佳时机，就是现在。

我想给你很多很多的爱和正能量。

你可以的！

吉纳维芙

写给失眠的你

你好呀！

这封信就是为现在的你而写。睡眠问题困扰了我好多年，直到现在也让我很头疼。睡不着太难受了，要知道，睡眠对每个人来说都是必不可少的！

让你睡不好的原因也许是压力、忧虑、恐惧或仅仅是大脑过于活跃，无法平静，这种感觉实在是糟透了。这么多年来，我因为各种各样的原因失眠。有时候是过往的创伤闪回让我彻夜难眠，有时候则是压力和恐惧。而这一切都要归咎于我那过于活跃的大脑！

大脑的问题让我焦头烂额，折磨了我很久，我也很难跟别人说清楚。我多么希望能把大脑的活动记录下来，然后像录影带一样播放，这样别人就能懂了！他们一直说：“哦……是不是因为你压力大？”尽管有时压力大的确会让我睡不着，但它真的不算什么大问题。我能想到的形容这种痛苦的最好方式是：想象浏览器里同时打开了 30 个网页标签，从一个跳转到另一个，思维完全无法平静。我试着告诉自己，“没事儿，数三个数，别再想了……”，然而 1.5 秒之后，我就又开始想别的事了！

就我个人的情况来说，其实是多动症导致了大脑持续过度活跃。我了解到有不少人深受其困扰。我找到了一些方法，对应付一到晚上就格外兴奋的大脑很有帮助（如果是因为压力大而无法入眠，这些方法同样很管用）。

首先，在入睡前一小时就放下手机。人们常说，不该在上床之前盯着电子屏幕，但我想很多人（包括我）都在决定睡觉的前一秒还拿着手机。屏幕上滚动的信息、蓝光的辐射和不断产生的多巴胺，让大脑无法在入睡前平静下来。直到你最终把手机放下，试着入睡，这些影响才能告一段落。

其次，在睡前详细写下第二天的计划也很有帮助：该什么时候起床、该做什么、该去哪里，以及其他各种琐事。这可以让大脑不再思考那些鸡毛蒜皮，想得越少，入睡越早。

我会在枕头边准备一支笔和一张纸，当我开始胡思乱想睡不着的时候（通常是在乱想自己接下来的任务），不用躺在床上竭力让思绪断流，或提心吊胆害怕自己会忘事，反之，我可以拿起纸笔，把它们都记下来。这样第二天既不会遗忘，也可以从容处理了。

最后，我建议那些大脑过度活跃的人可以尝试冥想练习或听播客。我发现听助眠播客非常有用，因为它让我聚焦于正在聆听的内容上。这种播客的播主故意表现得非常无聊，但又让人感觉很有趣，愿意一直听下去。他们的声音轻飘飘的，飘着飘着我就慢慢睡着了。

相信在正在读这封信的人里，有很多人是因为创伤而无法入睡。我对这种痛苦也很了解。创伤闪回、对创伤的恐惧和失控感常使人麻木失措。我想告诉你，你并不孤单。此时此刻，你是安全的。如果你还没有和别人聊过，或还没有请求过专业人士的帮助，请务必试试看吧。

现在，如果你焦虑难安，可以先试试以下一些基本技巧——它们会提醒你，此时此刻伤害你的事情已经过去了，你很安全。

请把精力集中在：

- 5 个你能看到的东西。
- 4 个你能摸到的东西。
- 3 个你能听到的东西。
- 2 个你能闻到的东西。
- 1 个你能尝到的东西。

如果创伤在夜晚闪回或你仅仅是难以入睡，请试试看：

- 遵守睡眠时间表。每天尽可能在同一时间入睡、醒来。你的身体和头脑会更加适应一个固定的作息安排。

- 入睡前尽量放松。冥想、淋浴、阅读……做任何能使身体和头脑平静的事都可以。
- 选择安全的环境。如果你所处的环境或你的卧室不能让你有安全感，看看能做点儿什么来改变它。也许可以买一床新的羽绒被、换个枕头，或者换一盏昏暗的灯。

也许是你的遭遇导致过往创伤不断闪回，让你恐慌，难以入眠。我非常心疼你，因为没有人应该遭受如此折磨。但尽管发生了这么多，你还是做到了最重要、最勇敢的一件事：你坚持下来了。你活下来了。

不管你因何失眠，请尝试上文中提到的那些技巧，并记住你永远都不是一个人。你大可以去求助，有那么多资源可以帮助你——不信的话，上网看看！

还有一件要注意的事情是：千万不要逼着自己入睡。

情绪处方笺

科 室：　　门 诊 号：　　时 间：

姓 名：　　性 别：　　年 龄：　　临床诊断：

R 50条活下去的原因

1. 日落
2. 与朋友的咖啡之约
3. 环游世界
4. 遇见新朋友
5. 凌晨3点，和朋友静静地躺在沙滩上
6. 你是别人留下来的理由
7. 还没有遇见那个爱你的人
8. 纸杯蛋糕
9. 日出
10. 学习新技能
11. 小动物
12. 你最爱的歌手的新专辑
13. 打雪仗
14. 寒冷冬日的热水澡
15. 新割过的草坪的气味
16. 尝试各种口味的冰激凌
17. 见见你未来的孩子和孙子孙女
18. 毕业
19. 爱情
20. 有朝一日找到理想的工作
21. 和家人共度周末
22. 写一本书
23. 还没上映的电影、电视剧
24. 和朋友远足
25. 野餐
26. 笑到肚皮疼
27. 看着弟弟妹妹、侄子侄女慢慢长大
28. 参加最好的朋友的婚礼
29. 去海滩玩儿
30. 租一艘皮划艇，在日落时分出海
31. 一些感动的时刻
32. 摸摸可爱的小狗
33. 阳光和微风拂过皮肤的感觉
34. 茸茸的毛衣
35. 上大学或职业学校
36. 组建自己的家庭
37. 在一屋子的人里，孩子选择奔向了你
38. 鲜花
39. 一份完美的冰咖啡
40. 尝试新的食物
41. 对自己微笑的瞬间
42. 拥抱
43. 自己的人生愿望清单
44. 看最喜欢的艺术家现场演出
45. 学习冲浪、绘画、手工、编织
46. 雨中起舞
47. 和朋友随性冒险
48. 看看世界七大奇迹
49. 听到一句发自内心的“我爱你”
50. 你值得

医师签字 Jazz Thornton

专家认为，如果躺在床上 20 分钟后还睡不着，不妨下床，做点儿放松心情的事，等困了再试着入睡。也许这听上去让人感觉疲惫，但确实能让你拥有更好的睡眠。

你可以的。

爱你的杰茨

写给创伤中的你

你好呀!

此刻的你也许遍体鳞伤，我为此深感痛心。创伤有很多种，来自不同的人生经历，比如虐待、霸凌、事故、自然灾害……“创伤”被解释为“一种非常令人痛苦或不安的经历”。

无论你经历了怎样的创伤，我都为之难过，为你承受的痛苦及生活因此发生的剧变难过。创伤的糟糕之处就在于，你不仅需要处理事件本身，还要应对随之而来的精神上和情绪上的反应。人们以不同的方式处理创伤，反应也因此不同。我不是这方面的专家，但可以和你分享一些自己的经历。

说来好笑，我来写这封信其实有点儿讽刺，因为我自己也才刚刚开始接受创伤治疗。你看，我们是真正的战友啊！我非常理解当创伤闪回[①]时，你的痛苦、恐惧、内疚、愤怒、伤心……我也深刻体会过这种感觉有多难受，让人疲惫而无力挣扎。

然而，我也开始意识到，我们经历的创伤不会永远“统治”我们的生活。覆水难收，但我们可以改变应对的方式，让创伤带来的情绪波动和心理影响消退。

没有人愿意直面创伤。我想这就是为什么我花了那么长的时间才说服自己接受创伤治疗（顺便一提，无论何时愿意接受治疗，都不算晚）。尽管我已经非常努力地面对过往的人生经历和心理问题，可我还是选择对自身创伤的深层原因视而不见，避而不谈，我怕它会继续产

① 创伤闪回，指经历创伤后，大脑不受控制、反复出现创伤画面的一种现象。——译者注

生余波，我怕自己无力应对，我怕向他人揭露创伤，我怕重蹈覆辙。我甚至害怕心理医生会因此对我有偏见，而那些让我惴惴不安的想法都会变为现实。但我要说，至少就个人经验来说，接受创伤治疗是我做过最好的决定之一。治疗过程中，我也曾对它感到厌恶，但几个月后我的想法和感受就有了明显的改变。

我是一个与全世界分享自己过往经历的人，但我很少提到生活里正在发生的事。这可能是因为我希望分享我的经历中能够带给你希望的事情。但在这封信里，我想和你分享一下目前我接受创伤治疗的经验，希望能让你感觉不那么孤独，能鼓起勇气寻求帮助。

我认为最重要的是学习一些在悲不自胜时能用得到的技巧和方法。比如有一次，我和咨询师聊到了情绪调节。忽然，一段早已被我忘却的记忆闪现在脑海中。我陷入往事中不知所措。

咨询师发现了我的异样，柔声让我调整一下坐姿，把脚放在地板上。她让我弯下腰，捡起水瓶，变换一下身体姿势。我当时不理解，现在才知道，简单的姿势变化能够提醒我创伤已经过去，我此刻很安全，不必担心。她还教我在脸上放个冰袋，或者把脸浸入冷水。这些都是调节情绪的好法子，在感到不堪重负、浑身麻木时尤其管用。本封信后还有一些处理创伤闪回的更快捷、更实用的技巧。

每次治疗开始时，咨询师都会问我："如果今天你跟我聊到了创伤的细节，那最坏的情况会是什么？"对于这个问题，我每次给出的答案都不一样，但现在我想和你们分享的答案是：最坏的情况，便是出现一种压倒性的恐惧。即如果旧事重提，我怕自己又陷入当时的情绪，无法自拔。出现这种恐惧是非常合理的。然而，每当恐惧袭来，咨询师都会提醒我，在之前无数次与创伤闪回对抗，感觉自己要被坏情绪吞没时，我都能成功脱身。这并不是一件容易的事，它说明那些创伤的碎片并不能支配我的生活，事实上，我比它们更强大，即使连我自己都不敢相信。

生命中的创伤曾让我胡思乱想，以至于相信各种各样的事情。我相信我已经烂透了，无药可救；我相信自己做得不够好，并为此深感愧疚；我也相信所有经历的愤怒和难以承受的羞耻都真实存在过。但我同样发现，和别人交流得越多，这些事情对我的影响反而越小，我越来越意识到我所相信的那些事、我的那些想法，虽然可以理解，却不一定正确。创伤不会让我烂透，不会使我无药可救，它不过是曾经的我尽最大的努力所渡过的难关。

虽然我不知道你的经历，不知道你的生活里发生了什么或你有怎样的感觉，但我知道，在一个安全的环境下和别人聊聊，是能消除这些消极信念的最好方式之一。这就像从另一个镜头里观察自己的人生，视野更广，看得更多；而自己的镜头却只能看到眼前方寸之地。

我相信，创伤绝不足以定义你。它不是你身份的一部分，只是人生旅途中的插曲，经历过后，我们依然在路上。

我不知道你的故事，可我相信你一定能坚持走下去，到达彼岸，等到那时你会知道创伤不是生命、思维和行动的主宰。第一步该做什么？去寻求帮助吧！请不要独自面对这一切，承受不可承受之重。即使没有专业人士的帮助，也请让你信任的人走进你的世界，让他们知道你正在经历些什么。

尽量多去学习一些方法，记住，你永远值得被爱！

创伤不能代表你。

你不是一个人。

爱你的杰茨

对抗创伤闪回：技巧和工具

柯尔斯顿·戴维斯医生

当创伤记忆重现，我们的“战逃反应”就会被激活。身体随之产生的反应，仿佛创伤此刻正在发生。我们需要做的是认清当下的现实，告诉大脑，过去的已经过去了。当大脑感到害怕时，其灵活性便会降低，我们因此无法自由思考。大脑的原始部分（杏仁核[①]）遭到情绪控制，开始快速运转，这就是为什么我们会感到情绪难以承受，甚至产生某些令人不适的生理感受。

有时，我们身体的警报系统也会偷懒，或是哪里的神经连接出了问题，当真正的威胁来临时，反而没有及时反应。我们要让这些已经适应了惊惧反应的旧的大脑

① 杏仁核，负责产生情绪、识别情绪、调节情绪的脑部组织。——译者注

回路，随着时间逐渐被改变。

你可以通过以下方法让自己回归现实。

- 稳定身体：双脚平稳地站在地面，把手放在身边的物体表面，感受那种触感。
- 注意呼吸：练习有节奏地呼吸。
- 正念练习：后退一步，深呼吸，不管在做什么都先暂停片刻。让大脑前额叶皮质[①]跟上节奏。观察并描述此刻正在发生的事情。
- 利用运动：身体运动的感觉体验和身体平衡状态的改变都能让你稳定下来，比如散步、伸展、瑜伽、摇晃身体或者蹦床。
- 自我暗示：让创伤闪回自由来去，就像看着火车进站、出站那样。告诉自己“一切都将过去”。
- 时刻谨记：你正处在安全的环境中。

① 大脑前额叶皮质，用来处理信息、做出决策和调整反应的脑部组织。——译者注

写给疾病复发的你

你好呀!

听我说：复发是康复之旅中的一部分。这并不代表你很软弱，也不代表你不值得，这再正常不过了。请不要因此而责备自己。

我知道情绪的反复让你心里五味杂陈，对自己的不争气感到愤怒、伤心、愧疚、羞耻……这些感受只会束缚我们的思想，让我们只看到自己的错误。绝大多数正在康复的人都经历过病情的复发，大部分人还不止经历过一次。我就是个例子，我有过很多次的复发。

但不管跌倒了多少次，重要的是，你总能再站起来，重整旗鼓，承认错误，总结经验，重新出发。你可以花上几天的时间顾影自怜，但也可以把精力用来重整旗鼓。你是犯了错，但你本身并不是错误，绝不能落入负面情绪的圈套。

在我的故事里，以及我身边人的经历里，我发现当情绪反复发作时，我们最大的感受便是羞耻。它迫使我们保持沉默，仿佛问题都出在自己身上，且没有人愿意伸出援手。所以我们能做的最勇敢的事情之一就是敞开心扉，向他人坦承："是的，我的病又复发了。"这不是什么大事儿，只要把最简单的事实与他人坦白，就可以消除那种孤立无援的羞耻感，抑制情绪的恶化。所以请你选择信任的对象，保证对方可以对你负责，同时愿意一路陪伴你、爱你。不要一个人面对这一切。

除此之外，向他人坦白的另一个好处是，当你把话说出口，也就让原有的想法不复存在：既然我已经复发了，坚持还有什么意义？人总是用这样的想法给自暴自弃找借口。

我并不知道你正在对抗怎样的问题，毕竟人们总是身陷各种各样的事情难以自拔：自残、烟草、酒精、暴饮暴食、色情电影，等等。不管你面对的问题是什么，你都要相信希望永远都在。这些病瘾或嗜好不能代表你。很多人都战胜了这些心魔，克服了一次又一次的复发，在不同的信仰、行为和反应里挣扎抗争，浴火重生。去网上随便一搜就能看到很多振奋人心的故事。

他们能走到今天，最主要的原因是他们在跌倒后选择站起来。一次又一次，他们的选择从未改变。对你，我也想说："站起来吧，我的朋友。"

给你的朋友发条信息聊聊吧！做一个对自己负责的人。

你可以的，再次出发吧！

爱你的杰茨

不要让心魔控制你。

写给旧瘾重犯的你

你好，我的朋友！

嗯……是不是觉得老毛病又犯了？我很高兴你正在读这封信，因为这代表你已经意识到自己故态复萌，也同样代表了你准备再次战胜它的决心。

记住，康复是一段漫长的旅程。一路上的坎坷与颠簸、各种出乎意料的瞬间，总会让你回到某个时刻或将你置于旧瘾重现的境地。一个很简单的道理是，既然你已经把它叫作“老毛病”，就代表你已经战胜过它了，你已经成功了。所以你可以再成功一次，再成功一次，永远成功下去。

不要灰心丧气。我们要承认现实，请求帮助，找到改变的方法，然后再次挑战它！我之所以说“我们”，是因为尽管我已经快要走到心理健康这条长路的终点，但仍有一些行为和习惯在我的生活里反反复复。当情况、环境、事件或关系发生改变时，总有一些坏习惯卷土重来。混乱的生活状态让曾经的问题再次浮现，比如我又重新封锁自己，不愿和别人倾诉，或拼了命地工作以隐藏自己的情绪，等等。所以你看，在这个问题上，你并不孤独！

我找到了一些有用的方法来应对这个问题，首先，一旦发现故态复萌，要立刻告诉别人。不要让它再次变得根深蒂固。不仅你要注意，也让身边的人留心一下吧。这样做可以使他们产生一种责任感，愿意监督你、鼓励你，不用担心他们会嘀咕：“天啊，他又要变回过去那种人了！”在和他们沟通时，你可以这样说：“我最近发现我又开始……我想克服它，不想重蹈覆辙。我把这件事告诉你，是希望你可以监督我，和我一起面对。”

我从十几岁起就有的一个坏毛病是，每当情绪泛滥或遇到棘手问题时，我总喜欢避开所有人，只想自己一个人解决。我不看别人发来的信息，远远地躲起来。这个毛病导致了恶性循环，而孤立无援的我一再让事态加剧恶化。我很清楚，我必须非常努力，以免让这个老毛病复发。现在的我养成了一个习惯，即经常给非常亲近的人发信息，让他们随时了解我的情况，监督我的生活，知道我需要什么。更重要的是，这让我明白了总有人在关心我，我并不需要一个人去面对困难。

不管是自残、旧瘾重犯，还是出现各种应激行为、破坏性行为，你都不需要一个人去面对。你很强大，你很勇敢，你的生命不该被白白消耗。你值得为好好活下去而奋斗。你可以拿起手机，给别人打个电话；可以去找专家咨询、和老师聊天，或是去看医生。如果只是想想就觉得害怕，请翻到本书的第四部分，那里有各种各样的求助方式！

你比那些旧瘾痼疾更强大！

你可以的。

加油，加油，加油！

爱你的杰茨

你值得为好好活着而奋斗。

写给想自残的你

嗨，亲爱的你呀！

你此刻的冲动，让我为你心痛，但你愿意翻到这一页，向我求助，又让我很为你骄傲。我知道这并不容易。

首先我想说的是，你的感受和情绪都是可以理解的。很多人不理解自残行为，他们总认为这是扭曲的或不值一提的。自残的冲动常常来势汹汹，有时甚至让人难以抵抗，但你要相信你永远比它更强，而且你绝不是一个人。

我找到了一些很有效的实用技巧来对抗这些冲动：

- 如果可以的话，去冰凉的水里游个泳，或者洗个澡。
- 抱着温暖的热敷袋，盖上一床厚毯子，休息一会儿。
- 冰块。我个人觉得这非常有用！从冰箱里拿点儿冰块，放在手里。
- 用彩色的记号笔在身上涂涂画画。一开始可能会觉得没效果，但有些人就是喜欢在身上画画，这可以分散精力，帮助平复情绪。
- 把脸浸到冰水里。我从某次心理咨询中学到了这个方法，剧烈的温差可以给你的身体带来极大刺激，当你的注意力全放在骤然变凉的面部时，情绪也就平静下来了。我试过这个方法（它也适用于对抗恐慌症），强烈推荐。

对你来说，这种情绪现在也许非常强烈，但我知道情绪不会永远处在高潮期。冲动定会消退，你要做的只是等待。虽然向它屈服也是让它消退的方式之一，但这绝非长久之计，而你也会在冲动之后遍体鳞伤。相反，我们可以用各种方法分散注意力，等情绪渐渐缓和，趋向平稳。一切都会过去的。

你应该与这样的情绪战斗。而选择战斗的每一分钟，都值得庆祝。

现在，请把手里任何会伤害自己的东西放下吧。如果可以的话，把它扔得远远的！你能做的最正确的事就是把它们都扔了。放弃一切会伤害自己的事，要知道，在这场战斗里，你不是一个人。

你值得。你可以。

我相信你。

爱你的杰茨

选择战斗的每一分钟，
都值得庆祝。

对抗自残冲动：技巧和工具

柯尔斯顿 · 戴维斯医生

1. 让此刻的思绪和行动暂停片刻，给自己一点儿时间，提醒自己可以行动，也可以选择停下来。请不要觉得自己无能为力。

2. 关注此刻的冲动情绪，可随之起伏，但不要受其影响。自残行为发生前，身体可能会出现心脏疼痛、麻木等感受，不管有多么强烈，请跟随情绪起伏，但尽可能不受其摆布。

3. 远离可能伤害到自己的物品。

4. 使用那些能帮你渡过难关、降低剧烈情绪反应的方法，比如 STOPP 方法或“冷”处理法，有节奏地呼吸。

5. 分散注意力。记住，一切都是为了渡过这个艰难时刻，及时止损。不去想那些让你惆怅的事，关注身边的事物。

6. 如果可能的话，把带给你痛苦的问题，解决掉。

写给想自杀的你

亲爱的你！

在我开始写这封信之前，我想说的是，如果此刻你有伤害自己的冲动，请立即打电话给家人、朋友、心理咨询师，或是联系警察。你也许感到孤立无援，感觉一切都陷入死局，但请记住，总有人能够向你伸出援手。

本书中还有一封题为“写给有强烈自杀冲动的你”的信。假如此时你有这样的感受，请读读那封信吧。

首先，我真的为你心痛，不管是什么样的问题让此时此刻的你需要这封信。这个世界很需要你，也许你现在还感受不到，但你是独一无二的，没有人能代替。你很重要，我们需要你，你绝不是谁的负担，这个世界会因为你的存在而变得更好。

我之所以如此笃定，是因为我也曾想你所想，所以你现在的感受让我有切肤之痛。每个绝望的人各有各的原因，但他们的情绪和痛苦往往相通。

在我的故事里，出现自杀的想法有几次是源于外部因素：霸凌、虐待、经济拮据、人际关系破裂。还有很多次是源于我内心对自己的看法：我不值得被爱，是周围每个人的负担，如果没有我，世界才会更好。我能感觉到自己的行为正在把别人推开，伤害了他们。我呆呆地看着镜子，一看就是几个小时，只是希望镜子中的我可以变成别人——一个正常人。

尽管这些情绪、经历和感受让人难以承受，但我并不认为我是真的想结束生命，我只是想让痛苦早点儿结束。我已经用尽其他所有办法了，但依然感觉痛不欲生。

我可以坚定地说我并不想死，因为我相信但凡有人能挥舞魔杖，改变现在糟糕的一切，我就愿意接受新生活。但显然，这不现实。不过虽然生活中没有魔杖，但我渐渐明白了，时间也许就是魔杖。时间可以治愈一切，让我们过上一种以前从未奢望过的生活。

时间会见证生命的转折。转瞬间，我们也许已经生活在不同的国家，有了新的工作，组建家庭或单纯地享受生活。时间给我们疗愈自己的空间，让我们有机会忘记过去，重新学习新的行为模式。从坚信结束生命是唯一的选择，到感恩于留在这个世界上，我们需要的只是时间而已。

距离我上一次有结束生命的想法，已经过去六年了，现在的生活是当时坐在精神病院里的我想都不敢想的。这样的生活超乎我的想象，似乎绝不可能实现，因为它美好得就像电影里看到的那样。我有了环游世界的机会——站在长颈鹿身旁、登上帝国大厦、在肯辛顿宫吃晚餐……我还见过巴厘岛的日落，品尝过巴黎的可颂面包，这些曾经不敢奢想之事都成为可能。我从贫困潦倒中走来，甚至没想过有生之年自己能坐上飞机。然而，此刻我万分感激，我坚持了那么久，终于能去看看这个世界了。

此外，我梦想中的职业生涯也已经开启，拍电影、做电视节目、写书、和世界各地的观众交流。除了这些，最让我感恩的是，我终于明白什么是家人和朋友，什么是无条件的爱。我和朋友放声大笑，放肆痛哭；我学会了如何与他人一起“生活”，在那些比自我更强大的力量中找到了归属感。走到这里，我才明白，比起那些发生在我身上的事，我的力量更加强大；我经历的过往，终有一天会变成我助人的资本。有一句话我很喜欢：“你的故事将成为他人的‘生存指南’。”早晚有一天，你也能为其他人提供帮助。

我并不是想跟你显摆自己的生活，其实它在“成功”之余，仍然混乱不堪，充斥着各种情绪、挑战和教训。我分享我的故事，只是希望在你读到下面的文字时，能随时记得，希望常在。

所以请你，勇敢的你，战斗下去吧！继续走下去。

即使此时此刻这像个不可能完成的任务，即使你感到世界正在崩塌。我不清楚究竟是环境、情绪、自我信念还是别的什么让你有这样的感受，但我可以保证，这个世界需要你；我们需要你；那些五年后会因你的经历深受触动的人需要你；你的家人需要你；你未来的家庭、你的妻子或丈夫、孩子、孙子孙女都需要你。

也许现在你还看不到希望，但时间会让你看到的。过去的事决定不了你的未来，别人说的话左右不了你的人生。你做了什么并不重要，重要的是你值得被爱，值得留在这里，值得活在这个星球上。

我知道出现一了百了的想法是一个人能够经历的最痛苦、最黑暗的体验之一。为生存而战是人类的本能，因此与之相悖的想法或做法总是会让人筋疲力尽。我数不清有多少个晚上在泪水中度过，心痛的感觉让我无法喘息。那种麻木感，那种不再在乎任何人、任何曾经热爱的事的感觉，让我记忆犹新。我深谙这些感受，便写了这封信，如果你正在忍受这些折磨，我想告诉你希望与你同在，一切皆有可能。

你还没走入绝境，情况也并不算太糟。你的前方，尚有光亮。你是一个战士，去战斗吧，趁现在，开始战斗吧！不是为了我，而是为了你自己。因为你值得。

如果你放弃了，你将永远不会知道明天为你准备了什么；你将永远不会知道五年后、十年后，你会做些什么。未来的你可能会有孩子和孙子……未来的每次日落、每一次庆祝、每一场冒险与欢笑、你的婚礼、你的事业，你应该去感受和参与啊……痛苦或许会一直存在，因为没有人可以对痛苦免疫。但随着时间推移，你对痛苦的反应将会改变。你终会成长的。

你值得一切美好。如果说这本书的唯一使命是让你留下来，它也是值得的，我愿意创作一百万本这样的书。因为你注定要留在这个世界上，有了你，世界才会更好。

我猜你会说："杰茨，你不了解我。你不了解发生了什么，我都做了些什么。"没错，我不了解。但我知道我仍然愿意努力，只为让你留下来。你现在的样子已经足够好了。你已经足够好了。

别觉得我的经历是个例外，或者心想“我肯定不可能像你一样”。我绝没有过人之处，也不是什么例外。我只是学着去战斗，并最终找到了自己的使命。

你的使命不需要和我一样，也许你的梦想是做教育、做咨询、做生意，或其他任何你想做的事。我们的使命不同，价值却是相同的。如果你感到外在压力太大，无法改变什么，那么请读读下一封信吧。我会继续跟你聊聊我的故事，希望你能明白，没有什么是改变不了的。

本书的下一部分，列举了你该留下来的 50 个理由。翻开这一页，让我来提醒你——即便深陷混乱与惨痛，生命依然如此美丽。

现在，拿起手机，给别人打个电话、发条信息吧，让他们知道你的感受。也许你很害怕，不想成为他们的负担；也许你觉得别人不能理解，或他们太忙了，有自己的事要做。但如果说我有什么经验之谈的话，那一定是：他们宁愿你狼狈地活着，也不愿看到你离开。

迈出眼前这一步吧。

你可以的。

我相信你。

爱你的杰茨

50 条活下去的原因

1. 日落
2. 与朋友的咖啡之约
3. 环游世界
4. 遇见新朋友
5. 凌晨 3 点，和朋友静静地躺在沙滩上
6. 你是别人留下来的理由
7. 还没有遇见那个爱你的人
8. 纸杯蛋糕
9. 日出
10. 学习新技能
11. 小动物
12. 你最爱的歌手的新专辑
13. 打雪仗

14. 寒冷冬日的热水澡

15. 新割过的草坪的气味

16. 尝试各种口味的冰激凌

17. 见见你未来的孩子和孙子孙女

18. 毕业

19. 爱情

20. 有朝一日找到理想的工作

21. 和家人共度周末

22. 写一本书

23. 还没上映的电影、电视剧

24. 和朋友远足

25. 野餐

26. 笑到肚皮疼

27. 看着弟弟妹妹、侄子侄女慢慢长大

28. 参加最好的朋友的婚礼

29. 去海滩玩儿

30. 租一艘皮划艇，在日落时分出海

31. 一些感动的时刻

32. 摸摸可爱的小狗

33. 阳光和微风拂过皮肤的感觉

34. 茸茸的毛衣

35. 上大学或职业学校

36. 组建自己的家庭

37. 在一屋子的人里，孩子选择奔向了你

38. 鲜花

39. 一份完美的冰咖啡

40. 尝试新的食物

41. 对自己微笑的瞬间

42. 拥抱

43. 自己的人生愿望清单

44. 看最喜欢的艺术家现场演出

45. 学习冲浪、绘画、手工、编织

46. 雨中起舞

47. 和朋友随性冒险

48. 看看世界七大奇迹

49. 听到一句发自内心的“我爱你”

50. 你值得

写给有强烈自杀冲动的你

我的朋友！

首要的是，这个世界需要你留下来。感谢你能来阅读这封信，而不是直接将头脑里的想法付诸行动。接下来的几分钟，希望你能听我说说。我想和你一起读完这封信，可以吗？

你可能已经驾轻就熟了——你知道如果正面临紧急情况或有结束生命的冲动时，应该打给警察或求助热线。如果现在你能做到的话，去做吧！如果不能，请继续往下读，希望读到这封信的结尾时，你能鼓起勇气，寻求帮助。

我不知道你的生活发生了什么，让你走到这一步，但我清楚你此刻的感受。我明白那种仿佛生活再也不会好起来的感觉。似乎没有了你，所有人都会更快乐。它往往伴随着不堪重负的疼痛或彻头彻尾的麻木。

我知道这种感觉，我也知道不管现在有多么令人绝望，这些感觉迟早都会过去的，这种冲动也会过去的。我并不是说一觉睡醒，你的生活就会好起来，我的意思是，这种强烈的情绪和想法终会消失的。

不知你是否听说，曾有一名研究者发现，你存在于这个世上的概率仅有 $1/10^{2\ 685\ 000}$，也就是 10 的后面有 2 685 000 个 0！你出现在这颗星球上，作为人类而存在，本身就是一个奇迹。你不是什么错误或意外，你的存在，就是生命的奇迹。

你值得他人为你而奋斗。每当你有所动摇时，我都会感到很难过，也许某些人、某些事，甚至一些专业人士让你觉得自己还不够好，不配为人所爱。但这并不是真的。我在写这本书时，心里想的一直都是你啊。我并不认识你，但不代表我不在乎你。我很在乎。因为我与你感同身受，所以我在乎；因为我曾目睹他人经历这一切的后果，所以我在乎；因为我确信还有希望，所以我在乎；因为我知道你值得，所以我在乎。这世上总有人和你有相同的感受。你不是一个人。

一年、五年、十年后，你的生活也许会截然不同。你可能生活在另一个城市；你可能在读书，换了一份工作，找到一个爱人，有了不同的爱好；你可能有了自己的孩子……但如果你今天选择离开，这些美好的事情就再也没有发生的机会了。

拿我来说，我十几岁时曾深信不疑：没有我，世界会变得更好。我出身贫困，直到十几岁时还生活拮据，靠政府的救助勉强维持生活；我负债累累，多数时间连房租都付不起。因为没钱，我经常饿肚子，有时为了活下去甚至会去偷东西。这就是我多年来的生活。唯一一次实现收支平衡，是我在健身房工作的那一年，但很快又入不敷出，只能继续靠救助生活。我在贫困中长大，在贫困中苟活，从来不知道生活还有别的样子。

现在我 26 岁了，过去的几年里，我第一次实现了财务稳定。这是我从未奢望过的，但我庆幸自己能坚持下来，现在的我不仅不用发愁房租，甚至还有余力救助他人。

生活可以改变，生活终会改变。这就是生活的本质，也是时间的力量。如果你见到当年那个和你此刻处境相同的女孩，跟她说不出几年，她就会成为备受赞誉的电视导演、作家和心理健康的倡导者，她肯定会一笑置之。让我来告诉你吧，我并不是什么例外。你的生活也有改变的可能，你要做的只是坚持下去，直到见证它的变化。

你知道吗？除了这些实实在在的变化之外，我生活里发生的头等大事就是我终于找到了幸福。我有了一个家，有了信任的朋友，不再害怕自己会成为别人的负担。我开始相信，今天出现在我生命里的人，不再像过去伤害我的那些人。我终于有了归属感。如果我没有坚持到现在，这些美好就都会与我擦肩而过。如果我当年做了你现在想做的事，这本书甚至都不会存在了。想象一下吧，如果你做了“留下来”之外的另一种选择，你会给他人的生活带来什么影响?

很多人说结束生命是自私的行为，你应该留下来的原因之一就是要为其他人考虑。尽管那些了解你、在乎你的人百分之百是你活下来的理由（我曾目睹过自杀行为的连锁反应，以及对他人的影响；心痛不仅仅在一瞬间，有可能伴随他人终身），但与其他人相比，你自己才是你留下来的最重要的原因。

世界需要你。别人口中那个消极的形象，并不是你。你不是他人口中描述的那个人，你甚至不是自己口中描述的那个人。所有不堪的情绪只是对创伤的应激反应，是你的一种应对方式。

你不是负担。

你值得被爱。

你还没有走远。

你不是什么意外。

你并非在渴望关注。

你没有浪费他人的时间。

你是值得的。

你是被爱的。

你被人需要。

你被人期待。

你非常勇敢。

你已经足够好了。

我想对你说的还有很多很多，但此时此刻，我想请你做一件对任何与你处境相同的人来说，都是最勇敢的事，那就是去寻求帮助！这很可怕，我懂，有过类似经历的人都懂，我们害怕被别人当作“爱刷存在感的人”，担心寻求帮助后，还要面对后续一系列的问题。但请让我来告诉你吧，你值得被帮助，寻求帮助就是你此刻能做的最勇敢和最正确的决定。

寻求帮助并非软弱，反而证明了你的坚强。

坦白讲，我在写这封信时，想着那些可能读到它的人，之后我一边写，一边哭。那些身不由己才读到这里的人啊，我似乎能看到你们每一个人，能感受到你们每一个人的痛苦，但我请求你，不要放弃。世界需要你。我们需要你。你应该留下来。世界上只有一个你，至少今天，请不要放弃。

你已经走了那么远，你已经撑过了过去的这几分钟，请继续把今晚也熬过去吧，好不好？给别人打个电话，让他们走进你的世界。朋友、家人、医生……如果你实在联系不上生活中认识的人（比如你正独自在家，或现在已经凌晨两点了），请给 24 小时求助热线或警察打个电话吧！

你可以的！

这也许是整本书里最长的一封信了，因为你的生命太宝贵了。

爱你的杰茨

你值得。
你被爱着。
你被人需要。

对抗自杀冲动：技巧和工具

柯尔斯顿·戴维斯医生

出现自杀冲动实际上是你的大脑正试图解决问题或缓解压力的表现。以下技巧和工具并非能解决所有把你逼上绝路的问题，而是要教你如何在不让情况恶化的前提下，尽可能渡过这场危机。这些技巧的目的是帮你撑过当下的这一秒，以及，下一秒。

生命中，唯一不变的就是一直在变化，这让我们知道情绪的激烈程度也并不例外。如大海的潮汐一般，你的情绪也会起起伏伏。让我们一起在情绪之潮中乘风破浪吧！

如何控制激烈情绪与自杀冲动：

- 如果你能判断出让你出现结束生命的念头的具体情况和原因，务必在短期内对其避而远之。当然，这是一种很理想的情况，你只需要尽力而为即可。

- 解决使你产生自杀冲动的现有问题。如果遇到困难，请勇敢寻求帮助。比如跟亲近的朋友或家人聊聊，对他们说：“我真的需要你们帮我一把。这件事发生后，我不知该如何处理。我觉得自己很难承受，你能帮我想想办法吗？”
- 对抗任何无益的想法和行为。比如总是胡思乱想，认为自己离开了，别人会过得更好。
- 扼杀所有针对自杀行为的构思或计划。通往生命大厦的走廊里，总有一扇被紧锁的自杀之门。
- 调节和舒缓激烈情绪，有助于大脑前额叶皮质更清晰地思考接下来要去做什么，如何熬过这个艰难时刻，重新看到曙光。

在高压环境下，请练习以下方法。

STOPP 方法

- 暂停（Stop）：停下来。哪怕只有一秒。你的情绪正让你放弃思考，使你不受控制。请试着控制自己。

- 退一步（Take a step back）：向后退一步吧，不管是身体上，还是精神上。在说一句话、做下一件事之前，好好想一想。深呼吸，让自己冷静下来。
- 观察（Observe）：留心身边发生了什么，留心自己内心的变化。现在是什么情况？你的感受如何？其他人在做什么？身体有了怎样的感觉？
- 换个视角（Perspective）：回过头来好好想想，看清事情的全貌。你或其他人会以什么不同的方式看待这件事？
- 谨慎行动（Proceed mindfully）：有意识地行动。当你下定决心时，请考虑自己及他人的想法和感受。问问自己，这样做会让事情变得更好吗？还是更糟？尝试那些真正有帮助的做法。

“冷”处理

这个技巧将借助低温环境帮你舒缓激烈的情绪。把你的脸浸入冰凉的水里，此时会激发一种“潜水反射[①]”，激活你的副交感神经系统，降低心率，缓解此刻的激烈情绪反应。这种方法有助于控制冲动行为，让你舒缓下来，减轻痛苦。

你可以试试看：

- 接一盆冷水，加点儿冰块。弯下腰，屏住呼吸，把脸浸到水里，让水没过太阳穴的位置，保持30~60秒，或直到你感到不适。抬起头来，如果需要，可以重复这个步骤。
- 在冰凉的水里游泳，或洗冷水澡，往脸上泼点儿冷水。

① 潜水反射：当哺乳类动物在水下闭气时，身体会出现心率降低，血管收缩等一系列反应，使耗氧量降低，以延长存活时间。——译者注

- 使用冰袋、湿毛巾、啫喱面膜或一袋冰冻豌豆。把它放于眼、面颊或太阳穴的位置。你可以站着或坐下，让身体前倾，尽可能地深深吸气，然后慢慢地、深深地，用腹部用力，分10次把气呼出来。如果很难吸满气，那就尽可能尝试就好，让每一次都比上一次吸得更满一些。肩膀下沉，放松。

如果在这之后你觉得很冷、身体发抖，那就停下来让自己暖和起来，比如洗个热水澡、用热敷袋热敷，或者裹上一条毯子喝杯热可可吧。

请注意：有心脏问题、过敏问题、厌食症或暴食症的人，请在尝试这个方法前询问医生。此方法产生的效果只能持续片刻，有需要的话，可以重复练习，或者尝试别的方法。

高强度运动

高强度运动能激发强烈的感官体验，从而减少焦虑，迅速调整情绪，帮你克服冲动。你可以做些什么呢？开合跳、绕着小区快跑、俯卧撑、去健身房挥洒汗水。如果此刻你有强烈的自杀冲动，而外出可能会加剧这种冲动，不妨选择在家就可以做的运动。

把握呼吸节奏

科学证据显示，通过有节奏地呼吸，更准确地说，是通过延长每一次呼吸的时间，人的副交感神经系统可以被充分调动。

每天进行呼吸训练可以帮助我们减少焦虑情绪。这对训练放松反应也有益处，能在你最需要的时候，让你的身体快速松弛。

把呼吸放慢，调整到每分钟 5~6 次，即每次呼吸 10~12 秒。在 1 分钟之内，数一数每次吸气持续了几秒，每次呼气持续了几秒，选择一个最适合自己的节奏，比如吸气持续 5 秒，呼气持续 7 秒；或吸气 3 秒，呼气 5 秒。

在接下来的 5 分钟内，按这种节奏练习呼吸。记住，如果你走神了，请务必让意识回到呼吸之上。

第四部分
PART 4

当你
需要帮助时

写给为人父母的你

你好！

这封信专门写给为人父母的你，写给那些看着孩子承受痛苦，自己却束手无策的爸爸和妈妈。我还没有做母亲，所以只能想象这种目睹孩子受苦却不知所措的艰难感受。几乎每天我都能听到一些父母的倾诉，他们面对孩子，内心五味杂陈，满是困惑，实在不知该做些什么。

我想给你介绍两个朋友：韦恩和莉比。如果你之前听过我的故事，你应该知道他们。如果不知道的话，容我简单介绍一下。我第一次见到韦恩和莉比，是在我 16

岁那年，我们去了同一所教堂。当时的我情况很糟糕，是个有严重心理问题的青少年，我难以克制地伤害自己，并试图隐藏情绪，回避身边所有人。几年后，韦恩和莉比成为我生命中类似父母的角色，十年后的今天，他们就是我眼中的家人。

他们自己有两个孩子，但仍然愿意对我以及其他人敞开怀抱。他们陪我渡过最艰难的日子，去精神病院的重症监护室探望我，陪我熬过无数个以泪洗面的漫漫长夜。我们在一起经历了很多，他们让我慢慢卸下防御，摘下一层层的面具，不再说谎或试图逃离。一路走来，他们从来没有放弃过我。

韦恩和莉比不是什么心理专家，但他们却懂得如何无条件地去爱，以长久和温暖的陪伴来告诉我，我的情绪是可以被理解、可以改变的。

我请韦恩为你写了一封信——以父亲的名义，写给为人父母的你。虽然我不了解为人父母的感受，但他懂得。希望韦恩的文字能给你带来慰藉和鼓励。

韦恩的信

亲爱的妈妈、爸爸们，大家好！

请记住，孩子看待父母的方式，永远和父母看待孩子的方式不同。

你从孩子出生的第一天起就认识他们了。你用全部的时间来了解他们，包括他们的性格、癖好、喜欢什么、不喜欢什么、长处和短板，等等。他们的底线和边界，他们的喜怒哀乐，你通通看在眼里。

而孩子对你的了解却截然不同。他们也许知道你对他们的爱，却对这爱的程度毫无概念。他们无法理解父母对自己孩子的爱之深，责之切，也无法理解父母为孩子的平安、幸福、健康，甘愿付出一切的心情。他们只是不理解……只是还不能理解。

在孩子心智和身体的发育阶段，让他们手忙脚乱的不仅是激素、青春期和体内分泌的其他化学物质，还有各种可能遇到的情绪创伤。

在他们选择做那些可能伤害自己的行为时，也许根本不知道自己需要和想要的是什么，所以也自然无法理解父母对他们的爱护和关怀。但早晚有一天他们会懂的，只要你开启机会之窗，愿意一如既往地爱着他们。

而现在，请让他们知道：当他们想逃避身边的一切时，这颗星球上再没有比你的身边更安全的避风港。你的怀抱和守护，将不掺杂任何评判和意见，有的只是无条件的爱。你不会生他们的气；相反，你愿意陪他们走到最后。无论孩子做了什么，你都是他们的退路。在你身边，一个简单的拥抱就能为灵魂创造奇迹；一顿家常便饭就能让心灵和身体重获滋养。家意味着休息、平静、安全和理解，是一座让他们找到盟友、重整旗鼓、可退可进的堡垒。

他们会明白那永不改变、带有奉献精神的爱将如何帮他们渡过难关。那爱不会消失，不会停止。在父母心中，只要是为了孩子，花费再多时间、精力、金钱都是值得的。

我必须承认，尽管我自认为是个好父亲，也并不了解所有问题的答案。事实上，我犯的最大的错就是伪装成不属于自己的角色：咨询师、心理学家、营养学家、医生、教练。而我扮演过最好的角色仅仅是一位父亲罢了。

你的孩子不需要你神通广大，他们只想感受到被爱、被接受，而不是被你拒之门外。即使整个世界将他们拒之门外，你也不会；即使他们的大脑混沌不堪，你也是一方避难所，可以容他们安稳藏身。你明白了吗？

在孩子成长的道路上，不知何故，他们会开始怀疑一些事情的真实性。他们认为自己没有价值、无人在意、孤立无援、不被接受。就算你知道现实并非如此，他们却对此深信不疑。经过某件事或一系列的事后，这种想法越发根深蒂固，甚至会恶化成为一个带有破坏性的假象，能粉碎他们的情绪、自我价值和尊严。

也许有一天我们不得不追本溯源，弄清出现这种想法的根本原因，当这一天来临时，请务必记住有各种各样或专业或自发的帮助和支持为你指明方向，只是当下，这些都不是最重要的。当下最重要的人，是你。没有人比你更有资格去帮孩子理清思绪，重建自我价值，并让他们相信他们就是被疼爱、被珍惜的儿子或女儿。你的责任是让孩子知道，他们被关注、被倾听、被信任；他们并不孤独，而是被爱与关怀环绕。

有时孩子会推开你，会与你争吵，会尖叫，会抗拒。请不要在意。他们也不知道自己在做什么。这种敏感的防御机制需要你用爱和耐心去化解，一遍不行就再来一遍。不要责骂一只因羽翼负伤而恐慌地拍打翅膀的小鸟，你要看到这恐慌之外的东西，你要不断地告诉他们："没关系的，你很安全，不要这样做。我哪里都不去，就在这里陪你。我爱你，无论你做什么，我都会永远爱你。"

最后一件事是，你也许会因为孩子的部分或全部的感受而自责，可能你需要对他们的感受负一定的责任，也可能你其实什么都没做。无论如何，这种自责起不到任何作用，就算很难，也请试着把它抛在脑后吧！

妈妈们，爸爸们，你们可以做到的！为了自己，勇敢地去寻求帮助吧，当然这最终也是为了孩子。做孩子的父母，做他们的避风港，做他们的养料，保护他们，给他们无条件的爱，做他们身后最坚定的那个声音。

在他们迷失方向时，给予指引；在他们踉跄挣扎时，伸出援手。当希望之声由你发出，希望之光就能被他们看见。

愿你充满勇气！

韦恩

我想韦恩和莉比为我做的最重要的一件事，是给了我一个空间，不管我做了什么，做得有多么糟糕，我都知道有一个安全的地方在等着我。我不必隐藏，也不必独自面对。我可以自然地与他们袒露心声，在事情变得更糟之前向他们求助。对我来说，这是个需要接受和学习的过程，但随着时间推移，我终于相信在一切都难以挽回之前，他们可以帮助我。他们永远不会用“等着吧，还会更糟”或“哪有那么糟糕”来打发我；相反，他们张开怀抱，认同我，对我说“咱们接下来该怎么办”。

如果你的孩子向你求助，那就帮助他们吧！带他们去看医生，找专业的咨询师，正视他们的问题。不要因为害怕专业人士会质疑你身为父母却失职，而不敢带孩子去看医生。导致孩子痛苦的原因有很多，只要他们愿意接受你的帮助，就尽力帮他们一把。否则，他们以后就不会信任你了。

最后，请记住你的想法也很重要。就像韦恩说的，在这段时间里，你也完全可以去寻找帮助和支持。你不是孤军奋战，来自专业人士或值得信任的家人、朋友的建议也许会让你更好地理解和回应孩子。

不能好好照顾自己的人，也难以照顾他人。重视自己，正视自己的沮丧、恐惧、疲惫和困惑，你不需要一个人去面对这些。

去寻求帮助吧。

去爱你的孩子吧。

绝不能放弃。

你可以的。

杰茨

不能好好照顾自己的人，

也难以照顾他人。

写给关心朋友的你

你好！

我很开心你能读到这封信，这说明你真的很在乎你的朋友，想知道怎么才能帮到他们。你是个很称职的朋友呀，谢谢你！

在朋友遇到问题时，你能做的有很多。考虑到情况不同，问题的严重性也不同，我将尽可能地在这封信里提出一些实用的建议，把我所知道的曾帮助过我或帮助过其他人的方法告诉你。

首先，你要知道，你一个人的力量也许帮不了你的朋友。帮助他们不是你的职责，更远超你的能力。你不是超级英雄，不是心理医生，只是一位朋友。他们所需要的，是你作为朋友一直都在。所以，用耳朵去倾听吧，花时间去陪伴吧，去爱他们，在他们需要的时候，再为他们指明方向——请求专业人士的帮助。

在我痛苦挣扎的时候，我身边的人为我做了很多事，其中之一也正是本书的灵感来源。像我们前面提过的，我的一个朋友，卡莉亚，给我写了很多名为“感到……时，请打开”的信，比如“感到自己不配被爱时”“感到自己还不够好时”……整整 8 封，每当我感觉不好时，就可以拿出来读一读。每个信封里都有她写的信，针对一个特定的问题，鼓励我，让我知道此时此刻我能做些什么。除此之外，还有一张小卡片和我们的合照。也许你也可以为你的朋友这样做，真的超级有效！对我来说，它们是支撑我走下去的信念，让我知道我并不孤独。

另一个朋友为我做的事则更简单些：她每隔几天就给我发条信息，问问我过得怎么样，并告诉我她很爱我。

有时候我甚至不会回复，但这些信息让我明白，她就在那里，惦记着我，我开始相信自己不是一个人在战斗。这个朋友非常清楚我消极的想法，她知道我觉得自己不配被爱，是身边所有人的负担。

所有在痛苦中挣扎的人往往都有和我同样的想法，所以，当有个人不断地、温柔地告诉你这些想法都是错的时，你会发生意想不到的改变。对待身边的朋友，重要的不仅是你怎么说，还有你该怎么做——要让他们看到自己的价值，让他们有所参与，倾听他们的心声，帮他们获得支持。你不需要全权负责改变他们，但你确实扮演了重中之重的角色。

别害怕，问问他们需要你做什么。有时候，他们可能需要转移注意力，去做点儿开心的事；有时候他们也许需要你的建议，或仅仅需要一个倾听者。我们总以为当别人来求助时，他们需要我们解决一切问题，但通常情况下，他们只是需要被倾听。

如果你实在担心他们，认为他们应该接受专业的帮助，不妨就这么建议吧！但请避免以一种高高在上的方式，而是出于对他们的爱与关怀。此外，在他们给医生打电话时，你可以陪在他们身边，开车带他们去医院，或在去医院的前后带他们出去放松一下；偶尔发条短信、打个电话问问他们在做什么。同意去看医生是一个很好的开始，专业人士一定能为你的朋友指明方向。无论是心理咨询、药物治疗、生活经验还是更多实际、严肃的建议，一切都听医生的吧！

我知道，陪伴一个身处痛苦之中的朋友绝非易事。有时你会感到疲惫不堪、心力交瘁，所以你要保证在这一过程中，在有所需要的时候，及时寻求帮助，照顾好自己和朋友以及所有你爱的人。

你还要善于利用身边丰富的资源。有那么多历经苦难，到达彼岸的故事；有那么多关于如何帮助他人、陪伴他人的指南；还有各种信息和各方支持，不妨多打听打听，你就会知道，你绝不是一个人在战斗。

你不是谁的救世主。你只是他们的朋友。你可以陪伴他们，爱护他们，倾听他们的声音，向他们伸出援手。

让我们一起吧！

爱你的杰茨

你的任务并不是拯救，
而是爱、
倾听与支持。

写给不敢倾诉的你

你好呀！

我不准备说太多啦，因为我想让一个真正的母亲来和你对话。她知道为人父母的感受，也许能鼓励你勇敢地向你的父母敞开心扉。下面这封信来自莉比，在我最痛苦的那些日子里，她就像母亲一样待我。她要说的话很重要哦，一定要认真听！

爱你的杰茨

莉比的信

亲爱的，你好！

我是个母亲，还是个特别敏感的母亲。我能感受到他人的情绪，每次来到一个新的环境，也能立刻察觉到那里的氛围，我很愿意帮助别人度过艰难的时期。

我爱我的孩子们！为人父母，是一场关于爱与关怀的终身修行。

你值得拥有爱，你值得被人关怀，你应该感到安全，应该被人看到和听见。

在我还年轻的时候，我的孩子们遇到了一些问题，我的第一反应便是想要解决问题，找到答案，甚至想要代替他们承受痛苦，再也不让他们去经历那些会带来伤痛的事情。我最大的愿望就是让他们感到安全、幸福，让他们明白家和父母是永远的避风港。

即使他们都还是小孩子，我也能从他们的眼睛里看到伤痛，从他们的哭泣中听懂伤心。这些微不足道的小小伤口让我心碎。你也要知道，总有一个人会因你之痛而痛。

孩子们渐渐长大，有了自己的生活。在成长的过程中，他们偶尔会遇到困难或无法招架的境况，我看在眼里，痛在心上。我依然想为他们解决问题，找到答案，抚平伤痛，保护他们不再受伤。

我想让他们知道，不管发生了什么事，都可以和我聊聊。没有难以启齿的话题，只有一个永远愿意倾听的母亲。我想让他们知道，他们绝不是我的负担。我从小到大也有自己的问题和痛苦，所以我想告诉他们，这都不算什么。要看向痛苦之外，长留希望于心。正因为我经历过，所以我才想让他们也懂得。希望是真实的，是有力的，只要你坚持住，只要身边有朋友的陪伴，糟糕的事情总会过去。

虽然我一再告诉他们无论什么话都可以跟我说，但总有一些时候他们不愿开口，这也是最让我头疼的。也许他们不知从何说起，也许他们认为我不能感同身受，也许他们怕我生气，怕我收回对他们的爱。

这些感受和担忧都不难理解，实属自然的反应，但它们不是事实！不管说与不说，我都能看透他们的心。相信我，有时无声胜有声。我能感受到他们的疏离和害怕，我能感受到他们因羞愧或恐惧而试图逃避，我能感受到他们的痛苦……我心里想的，永远都是解决问题，找到答案，抚平伤痛。

这就是我最大的愿望——照顾他们，保护他们……但我知道我心有余而力不足，因为他们也有自己的生活。

作为父母，我能做的最好的事就是让他们知道，无论发生什么，我永远都在，永远都陪着他们。无论发生什么，父母都爱着他们，愿意接受他们、帮助他们。

恐惧、羞耻、秘密、痛苦，它们用尽浑身解数，为你戴上了枷锁，让你的内心变成阴暗无声的监狱。作为一个母亲，我想对你说："请找人聊聊吧，去寻求帮助，请让别人走进你的世界。你绝不是谁的累赘，从来都不是。一定有人爱着现在的你，这个正深陷泥沼中的你，他们想陪你一起走，直到终点。”

我明白，也许你的身边并没有父母陪伴，这也是你的痛苦和问题所在吧。但我相信总有朋友愿意帮助你。去找他们吧，相信他们能看到层层面具下真实的你，爱你，陪伴你，无论发生了什么。因为你值得。

你被人所爱。

你被人所听。

你被人所见。

请让别人走进你的世界。

你可以的！

莉比

你不是谁的累赘。

写给认为问题还不算严重的你

你好呀!

首先，让我来告诉你：你的创伤、你的经历、你的情绪都值得被理解。不管你现在面临怎样的问题，你都值得得到帮助。作为一个十几岁时饱受精神疾病折磨，在脱离危机后学会了如何求助的人，我很了解你此刻“肯定有人比我更需要帮助”的想法。对此，我可以很有自信地说，不管你的问题是什么，你都是需要帮助的人。请不要自己一个人面对。

你可能无法想象我听过多少次“我的情况还不太糟”或“其他人更需要帮助”，简直多到夸张！即使高需求人群的确存在，但这绝不代表你应该被晾在一边。

从小到大，我们一直被灌输类似的想法：其他人比你更惨。尽管这么说没什么错，了解别人的难处也并非坏事，但这样的比较却使得我们这一代人不愿寻求帮助，因为“其他人更惨”“有人比我更需要帮助”“我可以自己解决”。

可创伤终究是创伤。那些对你的人生产生深刻影响的问题，也许和影响我的问题并不相同。但一个首次遭遇焦虑困扰的人和一个决定结束自己生命的人同样值得被帮助。虽然获得帮助的程度有异，但每一个人都不应该被忽视。

在与心理问题作战时，我曾纠结要不要去寻求帮助。“其他人更惨”或“他人优先”的想法让我时常咬着牙一个人面对困境。可越是这样，情况越糟，因为我得不到所需的帮助，只能看着一切不断恶化。如果早点儿和别人聊聊，这些都是可以避免的。我终于学会在一发现事情不对劲时就勇敢地说出来，请别人来帮帮我，而不是硬撑着一个人面对。

你的感受都是值得被理解的。请求帮助不是什么坏事。伸出手去接受别人的帮助吧。你可以的。

爱你的杰茨

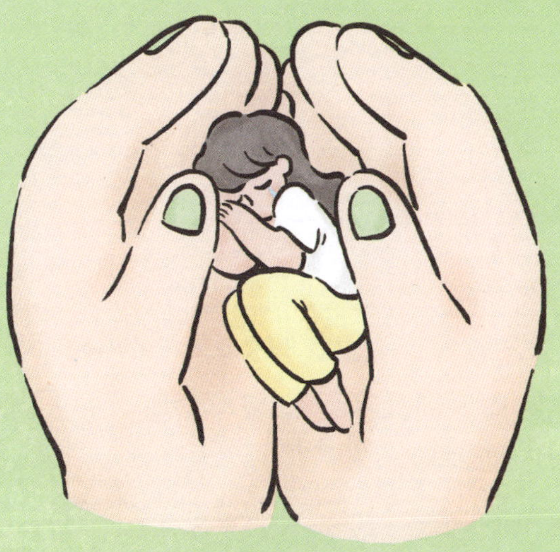

你的创伤、
你的经历、
你的情绪，
都值得被理解。

写给不敢咨询专业人士的你

亲爱的你呀！

我知道请求专业人士的帮助是件挺吓人的事。对有些人来说，可能是第一次；对另一些人来说，可能有过不太开心的体验。

我本人就曾经非常恐惧、抗拒去看心理医生。因为我对他们有先入为主的看法，总觉得他们是“为了钱才帮我”，在我养成定期心理咨询的习惯后，我才发现找对了医生，会对你有莫大的帮助和益处！

如果你对寻求专业人士的帮助还有些害怕，请读一读下面这封信吧—— 一封心理医生写给未来病人的信。我真心希望它可以帮你迈出第一步，给予你所需要的帮助。

爱你的杰茨

柯尔斯顿·戴维斯的信

你好！

第一次走进心理咨询室的大门或许令人恐惧，因为你并不知道接下来会面对些什么；又或许你充满希望，相信在这里一定能找到寻觅已久的帮助。

我正坐在办公桌前，准备迎接你接下来的咨询。我的脑海里想象着第一次咨询的场景，我想在我们之间建立一种温暖的合作关系，帮助你解决问题、实现人生价值。我必须很谨慎，我倾听你的过去，陪你走完前路，引导着你，而非仅仅提供先入之见。

我想知道你选择心理咨询的目的所在，即使这些原因经常使人难以启齿。但别害怕，慢慢来。你心中所想都可以跟我说。这里很安全，请鼓起勇气把你的情绪、想法和经历告诉我吧。我们可以一起分析是什么让你走到眼下的处境，那些困扰着你的问题是否当真值得焦虑。

你可能在来之前已经有过无数猜想了。过去接受心理咨询的经历陪你一起走进了这个咨询室。你害怕不被人理解。之前的咨询师说的话、你们交流的空间、他们对你过往经历的解读方式等，都会影响你对心理咨询这件事的印象。有些话刚好说到了你心坎里，有些则抓不住重点。如果他们不能理解你，你应该指出来，告诉他们理解错了。

请记住，你并不孤独。虽然这间屋子会暴露你的软弱，让你的痛苦无处遁形，可只要你选择走进来，愿意和我分享最私密的感受，你就是勇敢而坚强的！

“信任”已经成为老生常谈的话题。记住，信任是急不得的。创造一个让信任得以成长的空间吧。你可以问问心理咨询师“咨询内容大致是什么”或“这对我有什么帮助”，答案也许是学到一些新的控制情绪和想法的技巧；找到寄托情感的方式；理解你正面临的问题以及它们在当下或过往经历中对你的影响，诸如此类。让你的心理咨询师明白你在咨询中需要怎样的帮助。

尽管我们是一条独木舟上的人，我仍想提醒你，我绝不会朝着你不情愿的方向划桨。所以不要背着我偷偷在船上钻洞了！如果我走错了方向，请一定要告诉我。如果你有弃船而逃的冲动，也务必要让我知道。你才是最了解自己是谁、什么对你最有帮助的人，而这些真实的想法能帮我们一起划向充满希望的彼岸。

你可以试着从每一次心理咨询中学到一种有用的方法。把它写下来，不然很快就会忘记，并且要记得多多练习。心理咨询的目标并非要你摆脱所有负面情绪，而是温柔地在你心中为坏情绪开辟出一方空间。

希望能很快见到你。

柯尔斯顿·戴维斯医生

写给害怕看医生的你

嗨，我的朋友！

的确，饱受心理问题折磨的人，总是害怕去看医生。我常有这样的恐惧，并且常常因此犹豫和挣扎。我也不知道自己为什么那么怕医生，但每次去医院前、每次对医生描述自己的问题时，我都像一只受惊的小鹿。我曾有过很不愉快的就医体验，我觉得自己被误解、被批判，几乎“被晾在一边”。但我也渐渐发现，大部分的医生是发自内心地关心病人的心理健康。他们是真心实意想帮助我，而要做到这点，就需要我对他们完全坦诚。

既然你正在读这封信，我猜你已经有考虑过去看医生了。这是获得专业帮助至关重要的一步，因为医生不仅能发现你哪里不对劲，还能把你介绍到合适的地方，接受心理咨询等服务。如果你愿意接受药物治疗，他们可以开药；如果你需要更专业的医生，他们会介绍精神科医生给你。最重要的是，请记住，医生永远是帮你的人。

我记得有一次我心理状况非常糟糕，甚至到了自杀的边缘。不知怎的，我跑到了医生的办公室，却只咬牙切齿地盯着地板，不仅一句话都不说，甚至还拒绝一切眼神交流。我想让医生多给我开点儿药，然后就放我走，但她没有这样做。她就坐在那里，和我聊天，向我描绘未来可能的样子，告诉我我可以撑过去，只是需要一些帮助。

听她这样说，我有点儿困惑，因为我之前总觉得医生并不是真的关心我，他们只把我当成麻烦。然而，这位斯蒂芬（Steph）医生就这样和我坐在一起整整 90 分钟，一遍一遍地告诉我，我很重要，我可以渡过难关。

我们一起商量了下一步的治疗计划，她认真确定了我在当时需要接受哪些帮助。

这次经历后的几年里，我又因为焦虑、心情抑郁和睡眠问题找过斯蒂芬医生。从那时起，我每一次就诊都会得到一些建议：处方调整、转诊其他医生或仅仅是一些自我帮助的实用方法。一旦觉得有所需要就要立刻去看医生，这很重要，千万不能等病情严重了才行动。

后面再跟你详细说我的故事吧，现在，我请斯蒂芬医生从一位医生的角度给你写一封信。她会让你明白医生的想法和感受，希望下一次你拿起电话预约挂号的时候，能更加自在、坦然。

斯蒂芬的信

嗨，亲爱的不敢求助的你！

首先，能为这本书做出一点儿贡献是多么荣幸的事啊！我第一次见到杰茨时，正逢她人生的低谷期。她的身体状况和言谈举止都让我知道她有多么缺乏安全感，又是多么需要帮助。

就像对待其他病人一样，我试着让杰茨意识到她的自我价值，以及时间能够并终会改变她对生活的看法；我想让她知道我们每个人都拥有巨大的潜力，只是这段时间她需要我们的支持和帮助。

作为一位医生，我也想让你明白，我们做医生的是发自内心地关心病人，也愿意帮助病人。与心理疾病共生的确很艰难，但除非我们了解了你的所有情况，否则想治好这些疾病也是同样举步维艰。我们知道心理问题会对人有一定影响，让患者对其他人缺乏信任感。而想让那些情绪低落的患者相信我们是真心实意来帮助他们的，更是难上加难。事实上，我们所接受的训练就是帮助他人，更不必说我们选择这个行业，便是希望人人都能够健康，过上美满的生活。

请不要忘了，我们也是人。我下班回到家后，经常在脑子里反复回想当天接诊的病例，思考如果我说了不一样的话或做了不一样的事，会不会对患者有更大的帮助。你要记住，我们永远愿意帮助你。但只有你肯说，我们才能了解，毕竟我们不会读心术啊！请向我们敞开心扉吧，让我们知道努力的方向，我们才能一起走过这段有些颠簸的旅程。

你不是一个人。我们永远愿意帮助你。

斯蒂芬医生

“只有你肯说，我们才能了解”，一定要记住这句话啊！在寻求正确的帮助的路上，你的坦诚，至关重要。你不需要压抑自己的情绪和感受，坦然地接受帮助吧！

很多人不知道我在做心理健康倡导者的前几年里，仍要时不时地面对自己的心理问题，只是幸好都不太严重。其实那段时间，我很容易会有类似“情况并不太糟”“我还好，我不需要帮助”这样的想法，但我却努力让自己意识到一旦发现有不对劲的地方，要尽快主动寻求帮助，这样效果会更好——就像你身体不舒服及时就医一样。

举个例子，如果你耳朵感染了，你会去看医生、开药、好好休息。有了这些专业的帮助，你的病情才会逐渐好转。然而，如果耳朵感染了，你却不愿去看医生，理由是“我的耳朵不是还在脸上嘛”或“其他人比我更需要看医生”，最终导致病情恶化，而你只能接受比原先更多的治疗以恢复健康。

难关当下，有时我们仅仅需要多一点儿的帮助。不管是心理咨询还是药物治疗，这些方法都能起到缓解的效果，随后再进行更长期的治疗，譬如长期的心理疏导，以及学习一些应对情绪的方法。

我在拍摄纪录片《桥上的女孩》（*The Girl on the Bridge*）时，有过严重的焦虑和睡眠问题。一开始我有意忽略这些问题，但几周后我发现自己压力巨大、不堪重负，几乎快要崩溃了。于是我约了医生，然后把所有工作暂时放下，她给我开了些短期内可服用的药，然后让我重新接受心理咨询。

如今，我明白了在必要时请求医生帮助的重要性。他们愿意帮助你，但前提是你愿意接受他们的帮助。

无论你是深陷情绪泥沼之中，不敢告诉你的医生，还是你已经感受到心理问题对你的生活有所影响，都请鼓起勇气去看医生吧。走进他们的办公室，告诉他们到底发生了什么，让他们来帮助你吧。如果需要的话，你可以找个人陪着你。

你可以的。

爱你的杰茨

难关当下，

有时我们仅仅需要多一点儿的帮助。

最后一封信

亲爱的你呀！

这本书即将走近尾声。我希望书中的信对你有所帮助，并能在未来继续伴你左右。这本书的初衷并非让你从头到尾、一封接一封地一次性读完，而是在你的某种情绪迸发或当你遇到某些问题时，能反复拿出来重读，让你觉得不那么孤独。

生活有起有落，低落的时刻常令人难以招架。我是一名心理健康倡导者，大家都知道我曾与心理疾病顽强抗争的故事，但即使是我，直到现在也难逃坏情绪的影响，每次都要尽我所能把自己从崩溃的边缘拉回来。我们都是人，都在生活中苦苦摸索，找寻出路。别太苛求自己，你已经做到最好了，我为你而骄傲。

我希望你能在这本书里学到一些方法，让自己心里踏实些，也能明白不管此刻面对着怎样的难题，希望常在。你是如此值得为好好生活而抗争。你的生命如此珍贵，即使经历了那么多艰难困境，遭遇了无数棘手难题，你仍然在这里、在活着，这本身就已经值得庆祝了。

如果说我想用这最后一封信来告诉你点儿什么，那便是：你绝不是一个人。我就像一张坏了的唱片那样来来回回地重复这句话，但事实的确如此。因为我有切身的体验，我知道在心理问题发作或面对糟糕的环境时，人会感到多么孤独，这种孤独感只会让一切雪上加霜。

十几岁的时候，我坐在精神病院的病房里，寻找那些和我有同样经历的人的故事。我花了那么多时间，只想找到一个与我类似的人，让我觉得不那么孤单，可我怎么也找不到。而直到几年前，人们仍不愿意正视心理疾病，因为它被污名化了，但现在世界各地的人们都在用自己的声音讲述他们的故事。各个年龄段、各种背景的人正在发声，让其他人听见，让所有人知道希望常在。

在困境中感到孤立无援，仿佛没有一个人会与你有同样的行为、反应、感受，这种想法令人备感孤独，甚至难以承受。但你真的不是一个人。有一个群体正与你并肩作战，我也正在和你并肩作战。是的，这世上有仇恨，有不公，但我对于生命的感悟和信念都在告诉我：希望常在。

你不是一个人。

继续战斗吧，战斗下去。

你可以的！

爱你的杰茨

打开治愈情绪的工具箱

柯尔斯顿·戴维斯医生

关于人类神经系统的真相

首先，我想解释一下我们的神经系统是如何运行的，这样你就能明白我们的身体和大脑是如何互相影响的了。自主神经系统是身体的幕后管理者。它是一种控制系统，管理着类似心率、消化、呼吸频率等身体机能。它受以下因素的影响：

- 摄入身体的“燃料”——食物和水
- 身体的活力
- 情绪和感受
- 外在环境

它包含两种神经系统：SNS（Sympathetic Nerve System，交感神经系统），用于激活“战逃反应”并增强我们的情绪反应；PNS（Parasympathetic Nervous System，副交感神经系统），用于增强情绪调节的能力和降低情绪唤醒水平。

当 SNS 启动时，人的身体进入“战逃”模式，“压力激素”（肾上腺素和去甲肾上腺素）分泌，从而导致心跳加速，呼吸不顺畅，瞳孔扩张。当 PNS 启动时，人会进入“休息放松”的状态。心率开始减慢，消化功能也恢复正常。

杏仁核是大脑边缘系统的一部分，负责制造回忆，感受动机及情绪。当 SNS 被激活时，杏仁核便开始工作，因为它判断此时有危险发生。有时它是对的，但有时不是！杏仁核被激活后，会利用激素、肾上腺素和氧气为身体供应能量，让人更强壮、更快速、更有力，还能使大脑加速运转。

大脑的另一部分——前额叶皮质，则负责让大脑慢下来，让人更专注、清晰地思考，做出更好的决定来管理情绪。这个工具箱中都是帮助你关闭 SNS，并激活 PNS 的实用方法。

发现自己的“情绪特征”

当你在经历某种情绪时，身体内部会相应产生一种独特的“情绪特征”。表 1 中列举了不同的情绪会对身体产生哪些影响。身处危机之中或压力之下时，你可以用这张表格来判断当下的情绪。你的“情绪特征”是什么？不妨把它标注出来。

表 1　情绪特征表

情绪类别	体温、面部表情、呼吸、姿势、体态、肌肉、声音、动作上可能出现的特征
焦虑	• 体温上升，感觉到热、出汗，有逃遁倾向 • 面色潮红、眼睛睁大、嘴唇微张 • 急促或较浅的呼吸 • 肌肉紧张 • 咬指甲或以手捂脸 • 紧张的身体姿势：肩膀耸起、双手紧握、攥紧拳头 • 发抖、烦躁、踱步、抖腿、坐立不安 • 音调升高或闭口不言 • 对环境异常敏感：警觉、四处打量、找寻逃跑路线 • 消极或沮丧的思维模式：灾难化思维、非黑即白式思维、“如果……，就会……”式思维、不确定性思维、“我没救了”或“我无能为力”式思维 • 逃避与他人接触，拒绝外出或参与活动 • 想要寻求他人安慰

续表

情绪类别	体温、面部表情、呼吸、姿势、体态、肌肉、声音、动作上可能出现的特征
悲伤	• 目光低垂、嘴角向下 • 哭泣或总是眼含泪水 • 肌肉松弛无力，肩膀松垂 • 躺着的时候身体蜷成一团 • 行动缓慢——好像是人在拖着身体走动，而不是身体有意地行动 • 退缩 • 声音低沉、语速缓慢 • 寻找逝者生前的痕迹，比如不停浏览对方社交平台上发过的信息
愤怒	• 下巴紧绷 • 眯眼、皱眉 • 急促或较浅的呼吸 • 姿态僵硬 • 手指发抖、不断跺脚 • 肌肉紧张、握紧或举起拳 • 当面对峙（几乎“脸贴脸”）或转身离开 • 音量提高、语气暴躁 • 摔门 • 发抖

续表

情绪类别	体温、面部表情、呼吸、姿势、体态、肌肉、声音、动作上可能出现的特征
愧疚	• 低着头 • 呼吸减慢 • 双手张开、双臂伸展、耸肩 • 声音低沉 • 肌肉紧张 • 道歉（也许会过度致歉）

让情绪符合实际情况

管理焦虑、悲伤、愤怒及其他强烈情绪的目的，不是让情绪的程度降到零，而是将情绪调节到符合实际情况的程度。

在剧烈的情绪出现时，你要弄清楚：此刻的情绪是否符合实际情况？情绪的强度是否符合实际情况？接下来，可以运用以下实用工具，将情绪调节到一个适当的水平。你可能需要问问自己或其他人："在这种情况下，什么程度的情绪才是合理的？"有时，这个问题很难回答，尤其当你处于情绪之中时。

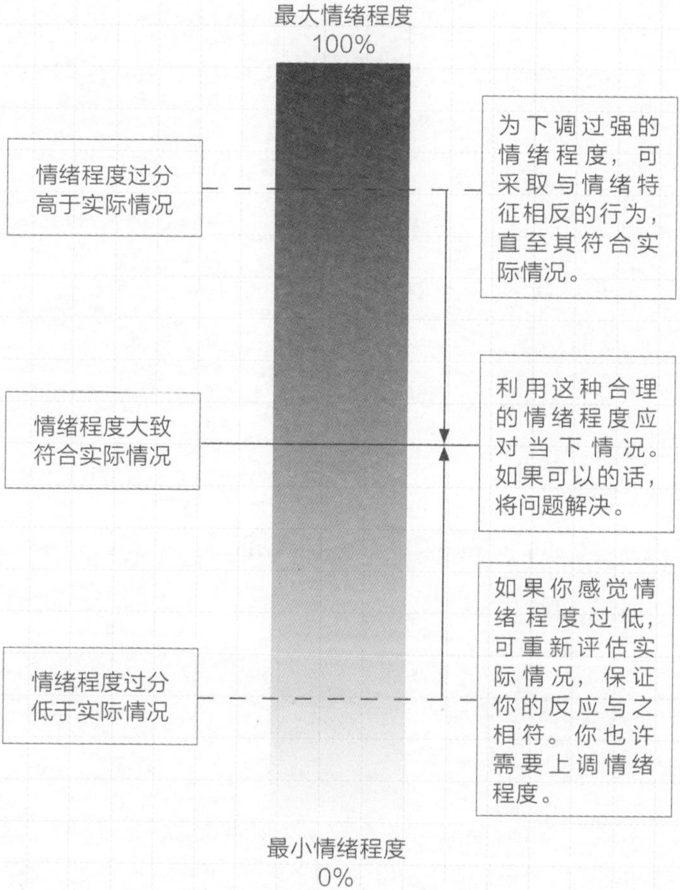

图 1　不同的情绪程度与应对方法

如果你的情绪程度符合实际，请用下面几种实用的方法应对当下情况，反之，你需要通过改变行为方式来改变自身感受。

焦虑情绪

何时出现这种情绪符合实际情况？

- 当你或你所爱之人的健康或生命处于危机之中时。

当情绪程度符合实际情况时，该做些什么？

- 一旦出现真正的威胁，务必谨慎，尽量避免过度焦虑。

情绪程度不符合实际情况，需要下调过强情绪程度的技巧：

- 降低体温。冲个凉水澡、喝杯凉水，或使用“冷”处理的方式。
- 放慢呼吸。使用“把握呼吸节奏”的技巧。

- 变换姿势，例如放松手指、放松肩膀、抬头向上看，让自己意识到威胁（比如似乎大家都在嘲笑你）并不是真的。
- 放松紧张的身体部位。
- 如果你在回避某些事情或某些人，首先要意识到自己正在这么做。注意到这种回避、逃离的冲动，然后采取相反的行动。相反的行动是什么？就是接近你回避的对象。比如当你想窝在床上时，逼自己起床，然后制订一份实际的、让你感兴趣的日程计划表，每做完一项就划掉一项。
- 如果你总是不停地检查什么东西，那每检查一次就提醒自己一次，尽量避免再次检查。
- 如果你急切寻找慰藉，先想想在当前情景下慰藉是否有益。如果你发现自己是在过度寻求慰藉，请控制这种冲动。
- 通过分散精力来改善焦虑情绪。

悲伤情绪

何时出现这种情绪符合实际情况?

- 当你失去了什么。

当情绪程度符合实际情况时，该做些什么?

- 大哭一场。
- 允许自己悲伤，不要试图压抑情绪。
- 给自己一点儿时间，躺下来，读本书或看部电影、电视剧。
- 找一找有什么东西可以纪念逝去之人，快乐或伤心的回忆都应来去自由。

情绪程度不符合实际情况，需要下调过强情绪程度的技巧:

- 看看身边的事物，给大脑喘息的空间。
- 微笑，让额头放松。
- 如果不想再哭了，可以在脸上敷上冰凉的面膜或者一块浸了凉水的布；深呼吸，把注意力放在别的东西上。

- 反向行动。当你想沉湎于悲伤时，就下床活动。尽量走出家门，出去散散步；使用“把握呼吸节奏”的技巧；制订一日计划并遵守；答应朋友的邀约、锻炼、跳舞、看搞笑视频。
- 正念练习。当你什么也不想做或难以做出有效的决定时，想一想“现在做什么对我最有益”。

愤怒情绪

何时出现这种情绪符合实际情况？

- 当你无法实现目标；当你或你关心的人受到威胁；当你感到不公，拼命讨个说法时。

当情绪程度符合实际情况时，该做些什么？

- 接受愤怒情绪，让自己生气吧。
- 允许愤怒，接受自己的怒火。

- 告诉自己这是正常的，对自己说“生气没什么大不了”。
- 据理力争。让造成伤害的人知道你的感受，要求其挽回损失。
- 对不想要的东西说“不”，或更坚定地追求自己想要的。

情绪程度不符合实际情况，需要下调过强情绪程度的技巧：

- 以一种更平静的语调正常地说话。
- 留意想要砸或摔东西的冲动，一旦有了这样的冲动，请双手放松，下垂在身侧。
- 反向行动。放松面部和身体；使用“把握呼吸节奏”的技巧；尽量远离可能惹你发怒的情况。
- 善待自己，善待他人。把别人的行为或发生的事往好处想，揣摩并理解他人行为的动机。

愧疚情绪

何时出现这种情绪符合实际情况？

- 当行为违反道德准则和价值观，或违反了团队规则时。比如你被人发现在讲某个朋友的八卦。

当情绪程度符合实际情况时，该做些什么？

- 如果可以的话，修复已造成的伤害。
- 请求原谅。
- 欣然接受你所应得的后果。
- 保证不再做同样的事。

情绪程度不符合实际情况，需要下调过强情绪的技巧：

- 反向行动。观察周遭，大胆发声，寻求真相。
- 与不会拒绝你的人谈谈发生的事。
- 不要为自己没犯过的错而过度致歉。
- 如果你的行为遭到拒绝，你可以选择改变该行为，加入新的团队。

其他实用技巧

感觉策略

营造特定的感觉可用来帮助调节自我，并实现一种“平静 / 清醒状态”。

平静的感觉是舒缓的、柔软的、熟悉且有节奏的。开车、盖上厚厚的毯子、嚼口香糖、缓慢而有节奏地运动或跳舞、按摩、摆动身体、持续的力量型抗阻训练都可营造平静的感觉。

清醒的感觉是节奏感强的、使人有觉知的。慢跑、凝视明亮的颜色或跟着喜欢的歌快舞都可营造清醒的感觉。

放松训练

1. 腹式呼吸

把一只手放在肚子上（肋骨和肚脐之间），另一只手放在胸前（锁骨下方）。

深呼吸，注意以下问题：

- 你是在用鼻子呼吸吗?
- 你的肩膀是否保持不动?
- 你的肚子先鼓起来了吗?
- 你的胸部靠上位置是否保持不动?

如果这些问题的答案都是肯定的，那太好了！这就是合格的腹式呼吸；如果答案是否定的，再多多练习吧!

现在，来数一数你的腹式呼吸次数：吸气加呼气算一次，连续腹式呼吸 10 次。如果中间被打断，就从头再来。

另一种方法是“9~0 呼吸法”，吸气加呼气算一次，次数从 9 数到 0。如果中间被打断，再从 9 开始数。

2. 可视化练习

可视化也被称为心理成像及预演。当你进行可视化练习时，会把一个或一系列图像映入脑海。可视化训练是指在遇到问题前，预先设想该如何应对；想象一个能让你感到平静、放松或其他愉快情绪的地点，如海滩、你的卧室等；或借助可视化训练，让自己想象一个完全新鲜的情景。找一个最适合自己的方法吧。

3. 放松你的大脑和身体

吸气，默念“头脑平静”。呼气，默念“身体放松”。这样做的同时，让肩膀下垂，双手放松。练习 5 分钟。

应对恐慌的方式

当恐慌发作时，一次选一件事来完成：

- 体会双脚踩在地板上的感觉。
- 注意自己的呼吸，逐渐放慢呼吸。使用“把握呼吸节奏”的技巧。
- 使用“冷”处理的方式。
- 告诉自己“一切都会过去”。
- 如果感到很热，让自己凉快一点儿。
- 如果觉得很冷并发抖，让自己暖和起来。

管理令自己不悦的想法

令自己不悦的想法人人皆有。你有没有觉得自己曾受这种想法的驱使？有时我们太“入迷”了，沉浸在这种想法中无法自拔，甚至意识不到它们的存在。久而久之，我们的行为方式会发生变化，让我们无法成为想成为的人，过上想过的生活。有时我们试图控制这些想法，却因此导致另一个问题——这些想法越发强烈、顽固了。所以，我们的目标不是完全打消这类想法，而是减少它们对自己的影响。以下各种方法旨在改变你与这些想法之间的关系。

- 心怀善意与同情，接纳它们。保持轻松的心态，集中精力思考下一步可以做什么有意义的事。
- 问问自己：如果我按脑中的想法做事，是否能走上有意义的人生道路？紧抓着这些想法不放能否解决眼前的问题？
- 审视自己的价值观。什么对你才是重要的、有意义的？你追求的生活是否符合自己的价值观？

- 评估当下的实际情况。是否需要更换视角或考虑更多信息？

全然接纳

全然接纳是一种接受我们或他人的生活现实的意愿。接受生活中一切无法改变的事物，无论大小。它并非对已经发生或正在发生的事情表达应允、喜欢或无所谓的态度，而是接受我们无法改变它这一事实。发自内心地接受：事实就是如此。

与现实斗争会将痛苦变为磨难。痛苦不可避免——这是大自然用它的方式告诉我们生活出了问题。

拒绝接受或反抗现实并不会改变现实。想要改变现实就要接受现实。改变的第一步便是接受。

接受现实也许会带来悲伤，但随之而来的还有一种深深的平静感。

后文的正念练习能帮助你接受当下这一时刻——你正在经历痛苦现实的时刻。

以下是一些简单的接受练习：

- 你是否在质疑或反抗现实？当你不愿接受现实时，会做些什么？请把你的想法、感受、行为描绘出来。
- 如果你愿意接受现实，情况会有哪些改变？如果你对自己说“事实就是如此”，你会有怎样的变化？你的行为会变化吗？请写下来。
- 在脑海中想象你下一步会做的事。放松面部，放松肩膀，有节奏地呼吸，慢慢地吸气、呼气。
- 如果还是没有接受现实，就再一次试着接受。

专注于你可以掌控的事

在我们的日常生活里，有很多事尽在掌控之中——只要我们愿意，就能改变它们。想想生活里那些简单的小事：一个良好的睡眠习惯、一个让自己快乐的日程计划、听最爱的音乐、花时间和家人朋友聚会。把注意力转向这些事情吧，远离那些你无法控制的东西。

图 2　关注圈、影响圈、控制圈

正念练习

正念，即全身心关注当下。它可以逐步控制你的头脑，而非控制你。

正念的核心意义是一种与万事之间的统一感和联系感。正念练习的目的仅仅是正念本身，其他发生的事情只是有益的附加作用而已。正念所相信的，是当下这一刻就是唯一的时刻。

在非正念状态下，人们容易冲动行事。而正念可以帮助人们意识到冲动，并驾驭冲动之起伏，拒绝冲动行事。

我们的思想经常受困于思考可能发生或已经发生了的事。有时我们会把一些可能发生的事当成事实，可它们并不是。

你有没有预感过会有坏事发生，但实际并没有。好比你讲话的时候，你觉得别人会嘲笑你，但他们并没有这样做。你能想起曾被大脑阻碍了言语或行为的经历吗？

正念就是让你注意到大脑被困在了过去或未来，又或是在当下这个时刻，被分散了注意力。正念就是当你处在“自动驾驶”模式，无意识地行动或浪费时间时，让你集中精力。正念练习的其中一项即将自己稳定在当下，清醒而有意识地认识当下时刻，并巧妙地利用它。

通过正念练习你可以发掘适合自己的技巧，并了解何时该使用这些技巧让自己的思维处于掌控之中。

正念是一项可以习得的技巧，练习越多，越能与日常生活紧密相连。网上能找到很多教正念练习的视频或正念训练教程。正念练习通常以留意呼吸为开始。你可以用腹式呼吸技巧让自己专注并平静下来。

开始正念训练的时候，不妨在手机上设个闹钟。等闹钟响了，就暂停训练，感受一下身体和心理的变化。关注自己的想法，无论想法是以语言还是以图像的形式出现。每当分析一种想法时，可以在心里默念“我注意到我有一种想法……”，然后让它像漂在溪流上的落叶那样逐渐远去。当进入正念状态后，可以问问自己“这种想法是主观评判还是客观事实”，然后有意识地决定是否要对这些想法做出回应。

谨慎地将注意力集中在当下。

此时此地，才是你的归属。进入正念状态，一次只做一件事。

注意你的大脑何时开始走神，并将注意力唤回。重复数次。

不要评判。留意你对自己、他人或自身经历的评判。关注事实，远离评判。

找到适合自己的正念训练法。在选择练习方法时，要考虑自己的短期和长期目标。

带着好奇心去理解你的头脑。专注于你的思维，看着它们像大海上的风那样自由来去。

学会接受现实：头脑会开小差。正念训练会帮助它回到正轨。

人人都有智慧的头脑，在这方启蒙之地，你可以看清世界和现实的模样。你也许会把头脑中的想法看作内心深处的直觉或内在的智慧。你可以用它指导决策的过程。问问自己："我智慧的头脑现在会怎么想？"

专注于你的目标，坚持练习。

将正念意识聚焦于令人愉快的经历上。

致谢

如果没有那些了不起的人的默默支持、帮助，这本书是不可能完成的。

首先，感谢柯尔斯顿·戴维斯医生和心理互助小组为本书提供了专业知识和各种实用的技巧。我知道你们为深受心理疾病困扰的人们付出了多少努力、爱心、精力与热情，你们每一天为帮助病人所做的工作都太了不起了。谢谢你们。

所有支持我的人，你们是我创作这本书的动力。谢谢你们给了我一个平台，让我能分享自己的故事，谈论希望的存在，每天早上起床都能做我最爱的事：帮助他人。我在社交媒体上的众多关注者为本书做出了极大贡献，你们的建议让我知道哪些信是人们真正想阅读的，并且督促我在写书的过程中不会拖延！谢谢你们和我一起踏上这段旅程，谢谢你们的陪伴。我爱你们，也非常感谢你们。

韦恩和莉比——没有任何语言能表达我对你们的感谢，谢谢你们，谢谢你们为我所做的一切。谢谢你们花时间写信，帮助众多家庭互相理解，给他们带来一个全新的视角和温暖的鼓励。

吉纳维芙·莫拉——谢谢你用自己的故事和过往的经历帮助那些有同样困扰的人；谢谢你让人们听到有类似经验的人的声音，让他们看到隧道尽头的希望之光。谢谢你选择为自己的生活而战，谢谢你愿意为他人而战。

埃斯特——你知道我有多么感谢你，你对我有多么重要。我今天还活在这世上，一个非常重要的原因，就是你。这一路上，你教给我的很多东西已经成为我的支柱，让我得以坚持下去，创造改变。谢谢你在这本书中仍然慷慨地敞开心扉，提醒人们换个角度看待一切，让他们明白了他们并不像自己所想的那样是别人的累赘，也消除了身处痛苦之中的人对帮助者的误解和恐惧。

斯蒂芬医生——谢谢你不仅在多年前帮助过我，还在今天选择与我一起成为创造改变的一分子；谢谢你让人们知道了医生是真心实意关怀病人的，你的发声改变了医生对心理健康的回应方式，对那些不敢寻求帮助的人来说，你发出了一种和善而亲切的友好之声。

卡莉亚——我最好的朋友，谢谢你在 2015 年给我写了第一封信。谢谢你点燃了我创作本书的灵感之火，你是一个多么了不起的朋友啊。谢谢你在我人生中最艰难的时刻，愿意花时间给我写信。感激涕零！

感谢所有参与创作此书的每一个人，是你们让我完成了一本不仅仅是为了阅读，更带着目的和希望，并最终成为助人工具的书。谢谢你们非但没有回避谈论心理健康问题，反而完完全全地接受了它，渴望了解它，并永远不会忽视每一个“为什么”。

关于柯尔斯顿·戴维斯医生

柯尔斯顿·戴维斯医生是一名临床心理学家，有着二十年的社区和私人心理医生、咨询师、培训师的从业经验。她还是辩证行为治疗（DBT）领域的专家，专门从事青少年治疗，也是新西兰辩证行为治疗咨询和培训组织的主任兼培训师。戴维斯医生主要擅长的领域包括情绪调节在自杀和自残行为中的作用，以及辩证行为疗法的实施。

戴维斯医生也是心理互助小组的联合创始人、董事和首席执行官，心理互助小组发起于她的愿景，后逐步成长为一个由高素质专业人员组成的专家团队，致力于热情提供易使用的循证治疗和训练。心理互助小组致力于合作共赢、机会平等、多样性和文化包容性。戴维斯医生珍视友谊与家庭时光，她有两个可爱的孩子，她喜欢户外活动、跑步、园艺和在阳光下阅读。

关于杰茨·桑顿

杰茨·桑顿在经历了虐待、抑郁和慢性自杀的童年中幸存下来，她用自己的故事，影响了全世界的心理健康事业，帮助了许多人。她已成为一名成功的作家（代表作《停止挣扎，开始抗争》）、公开演讲者、备受赞誉的网络剧集导演（代表作《杰西卡的树》），以及国际心理健康的倡导者。一部关于杰茨和《杰西卡的树》拍摄过程的纪录片——《桥上的女孩》也在 2020 年上映了。

杰茨和吉纳维芙·莫拉是“希望之声”组织的联合创始人，该组织旨在反抗心理疾病的污名化，并向人们展示希望真实存在，心理疾病是可以治愈的。

杰茨凭借自己的作品赢得了 2021 年新西兰年度青年奖。

译后记

嗨！亲爱的你呀！

这本书翻译结稿是在一个初暖还寒的春日，我在电脑上打完最后几个字，愣了会儿神，都还没意识到自己早已经湿了眼眶。几个月的时间，我通过文字和杰茨对话，和即将读到这本书的你对话，和自己对话。

这几个月的时间于我，是终生难忘的一段日子。

接到书稿时，我即将进入孕晚期。以为自己躲过了起点处的妊娠呕吐，可谓是足够幸运的“天选之女”，却未曾想原来还有更残酷的折磨等在这条路的终点。因胎位原因，我的耻骨连接严重分离，几乎在 24 小时内彻底失去了行动能力，随后愈演愈烈，甚至连坐下、躺下都疼痛难忍。起先我还抱有侥幸心理，以为会是一过性的症状。但产检时大夫的话几乎让我绝望——“等生完就好了，没有更好的办法”。我倔强，不愿甘拜身体疼痛的下风，便在一天中心理和生理都好受些的时候，加紧工作，躺在床上将电脑放在小床桌上打字，或坐在瑜伽球上在书桌前打字，就是这样完成了大半的翻译工作。

分娩。也许是出于对自己的盲目自信，又或是作为初产妇，无知便是无惧，我把这事想得过于轻松了。我的生产过程整整持续了 36 小时，差一点儿就被推进手术室。期间在还清醒的时刻，我表面一声不吭，心里却兀自比较着自己的经历和电视剧里演的到底有何不同：女人生孩子其实不会大喊大叫，因为根本就疼得出不了声，不过……原来人在濒死之际眼睛真的会控制不住往上翻。事情过去一年了，最能让我动容的已不是彼时的坚强，而是此刻的豁然。

如果说分娩是鬼门关前走一遭，那我万万没有想到，随后的日子是侥幸逃离鬼门关的我，和随我一起逃出地狱的魔鬼的共舞。因为哺乳条件不佳，一个月的产褥期里我有半个多月在高烧和乳腺炎中熬过。随后又频繁辗转于医院和各种通乳诊所，最后甚至一看到通乳室的单人床就浑身发抖，怎么也止不住地哭。周围声音纷杂，与其说是抚慰，更像某种温柔地威胁——“当妈了，要坚强呀”“为了孩子也得开心点儿，看看你孩子，多可爱”“撑过这段时间就好了，都是这么过来的”……我也想开心，因为开心才是此时此地的我最该拥有的情绪。明明最难熬的都挺过来了，家人无微不至地照顾我，宝宝就乖乖地躺在我身侧，可我真实地感受到一股无形的情绪的潮水，不久前刚刚淹过我的头顶，令人窒息，此刻虽然水慢慢退下去了，但退得太急了，长久浸没在水中的那部分像疮疤下新长出来的肉，对周围的一切都过度敏感。

我被诊断为重度产后抑郁。

这种心理疾病在生产后的女人中非常普遍，相信每个人都有所耳闻。有了小孩后，曾经坚强乐观的朋友不知为何总是哭哭啼啼，曾经温柔善良的女孩总是忍不住对身边人大发脾气，曾经雷厉风行的女强人频频在工作中崩溃无力。产后抑郁一直就在那里，只是过去无数代女人并没有表达情绪的出口，即使到了现在，也有很多人并不能意识到它的存在。就我身边一同经历生育的朋友而言，几乎无一幸免地表现出或轻或重的抑郁倾向，甚至需要接受药物治疗的也不乏一二。

本书后半部分的翻译工作便是我在这种情况下完成的。外人看来，也许觉得这是繁重的压力，但其实不然，我把工作当成生活里最难得的避难所。

曾经在情绪失控后，我感觉世界已然分成了两个阵营：我和其余所有人。曾经在某个难眠的深夜，我看着镜子里伺偻憔悴的那个人，怎么也认不出自己；曾经在独自去医院的路上，我精神恍惚地看着路上急驶的汽车，心想再往前走一步，再多痛那么一下，一切就都能结束了。可就是在这样的生活里，我也清楚地记得，杰茨或者说是我，写下的一段话：

> 如果你放弃了，你将永远不会知道明天为你准备了什么；你将永远不会知道五年后、十年后，你

会做些什么。未来的你可能会有孩子和孙子……未来的每次日落、每一次庆祝、每一场冒险与欢笑、你的婚礼、你的事业，你应该去感受和参与啊……痛苦或许会一直存在，因为没有人可以对痛苦免疫。但随着时间推移，你对痛苦的反应将会改变。你终会成长的。

我读着杰茨和她的朋友们写来的信。我把这些信读到心里，再用自己的语言转化为新的力量。从来没有一本书的翻译让我觉得像是救赎，救赎了那个永远不会被打倒的坚强的杰茨，救赎了仿佛陷入泥沼寸步难行的我，也愿它可以救赎在生活中看不到光和希望的你——不需要很久，你就会知道曾经想要一了百了的决定是错误的。

你值得一切美好。如果说这本书的唯一使命是让你留下来，它也是值得的，我愿意创作一百万本这样的书。因为你注定要留在这个世界上，有了你，世界才会更好。

如果我的经历，我给你的这封信，能让你留下来，让你好起来，那么我愿意把这封信永远永远地写下去。

艾齐
2023.03.08
献给我生命中的阳光，乎一
献给每一个你
时间会见证生命的转折

希望永胜！